科学史上最有梗的20堂化学课

下册

胡妙芬　LIS科学教材研发团队　著

陈彦伶　绘

北京日报出版社

图书在版编目（CIP）数据

科学史上最有梗的 20 堂化学课．下册 / 胡妙芬，LIS
科学教材研发团队著；陈彦伶绘．—北京：北京日报出版
社，2021.2
　　ISBN 978-7-5477-3884-9

　　Ⅰ．①科… Ⅱ．①胡… ②L… ③陈… Ⅲ．①化学—青
少年读物 Ⅳ．① O6-49

中国版本图书馆 CIP 数据核字（2020）第 214934 号

著作权合同登记号　图字：01-2020-7687

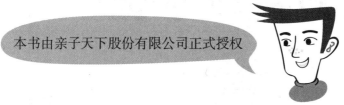

本书由亲子天下股份有限公司正式授权

科学史上最有梗的 **20** 堂化学课　下册
KEXUESHI SHANG ZUIYOUGENG DE 20 TANG HUAXUEKE　XIACE

责任编辑：杨秋伟
策　　划：付玉静
装帧设计：桃子喆
出版发行：北京日报出版社
社　　址：北京市东城区东单三条 8-16 号东方广场东配楼四层
邮　　编：100005
电　　话：发行部：（010）65255876
　　　　　总编室：（010）65252135
印　　刷：肥城新华印刷有限公司
经　　销：各地新华书店
版　　次：2021 年 2 月第 1 版
　　　　　2021 年 2 月第 1 次印刷
开　　本：787mm×1092mm　1/16
总 印 张：18
总 字 数：270 千字
定　　价：78.00 元（全二册）

出版前言

化学作为一门实用学科，与我们的生活息息相关。可对一些孩子来说，元素周期表与化学方程式简直就是学好化学道路上的拦路虎，在搞不清化学原理的情况下，单靠死记硬背想要学好化学，实在是很难。

“要是能让孩子了解化学家探索真理的过程，**让化学更接地气、更有趣**就好了。”抱着这样的想法，我们精选出一批优秀的科普童书作品，并最终选定由中国台湾LIS科学教材研发团队与知名儿童科普作家胡妙芬联手打造的化学史科普书——《科学史上最有梗的20堂化学课》（全二册）。

在出版过程中，为了与国内课堂无缝接轨，我们邀请了多位长期从事一线教学的化学名师对全书知识点进行了审校，并精心总结出了“本套书与初中、高中化学教材学习内容对应表”。为了帮助即将学习化学的孩子轻松完成知识的过渡，我们特意添加了脚注，对专业名词或知识点进行解释。为了使孩子能够更加方便高效地学习，我们随书附赠了“化学史关键年表”和“元素周期表”。

“我的孩子现在看化学史的书会不会太早？”有的家长可能会存在这样的疑虑。其实，**这是一套化学桥梁书，它既能作为孩子学习化学前的思维启蒙书，又能用来拓宽孩子的化学视野**。书中特别设计了LIS老师、严八、鲁芙三个性格迥异的漫画主人公，配合趣味对话，带孩子走进奇妙的化学世界，使孩子跟随科学家的脚步，由浅入深、循序渐进地学习化学。书中搭配的三十八部超有梗的线上化学视频，带你穿越时空，近距离了解化学家的思考方式。拉瓦锡、卡文迪许、道尔顿、阿伏加德罗、门捷列夫……这些在课本中出现过的、看似遥远的化学家，也曾和你一样，被化学问题困扰。但探索、求知的精神使他们突破桎梏，取得成功。

愿你和他们一样，积极探索，永葆好奇心！

天一童书馆

 **作者序**

培养孩子解决问题的能力、提高孩子的科学素养

　　《科学史上最有梗的20堂化学课》（全二册）是由LIS科学教材研发团队（以下简称"LIS"）编审而成。这套书从古希腊时期的自然哲学谈起，依次介绍了炼金术的影响、十七至十九世纪化学发展历程、十九至二十世纪电学在化学中的应用，以及人类如何找出原子的内部结构等内容。书中介绍了数十位科学家的传记逸事，并以他们的科学探索历程为线索，编写出了最精华的20堂化学课。

科学家解决问题的思维与方法

　　我们（LIS）是一个非营利组织，由许许多多对教育有热情的年轻人组成。我们的宗旨是"Learning in Science"（科学学习）。我们的愿景是"让每一个孩子，都拥有实践梦想的勇气和能力"。我们相信学习的本质其实是STEAM（教育理念）或是PISA（国际学生评估项目）所谈的"好奇心""批判性思考"和"解决问题的能力"，这才是每一个人一辈子都用得到的能力。因此，我们从科学开始，梳理科学史的脉络，将科学家解决问题的思维、方法及过程，开发成独一无二的创新教材。

　　我们在知识内容的制作上花了相当多的功夫，这是因为一个理论的出现或是一个研究的发现，并不完全是简单的突发事件，必须找到这些发现的前因后果，才能还原当时科学家所遇到的问题。而在研究与讨论史料的过程中，我们的讨论经常涉及许多有趣的历史背景或者科学家的奇闻逸事。例如，同样的一个发现、一个成就，或者一个大事件的出现，通常是由许多不同的因素累积而成的，它包括了时代背景、前人累积的知识、各国在科学发展上的角力、研究仪器的水平等，这些都是成就故事的重要条件。在长达一年半酝酿出书的过程中，十分感谢儿童科普作家胡

妙芬提供了她宝贵的写作经验，让我们的内容变得更加生动有趣。

　　书中带有跟图书内容相贴合的视频（扫二维码即可获取），以动画和戏剧的方式，把科学变得图像化且富有故事性，所以大家在观看时会很容易进入我们设定的情境中，进而引发学习动机。只是，所有的历史事件都不是短短几分钟就可以说完的，影片最多只能将最精华的部分呈现给大家，这也是我们觉得很可惜的地方。

　　对我们来说，学习的本质就是如此：试着去深掘问题、试着去找到属于自己的答案，最重要的是保持对事物的好奇心。

书是影片的延伸

　　正是因为"想让大家读到完整的科学发展"的这个初衷，我们决定出书。书中的关键人物——LIS老师，代表我们这个组织所有人的智慧结晶。书中的"严八"和"鲁芙"这两个跟影片有关联的角色，代表正在为化学奋斗的广大学生——也就是正在看这套书的你们发声及提问。

　　最后我们想跟大家说，这是一套完全不同于目前市场上的科普童书作品，它结合了**科学史、科学家人物传记、科学理论演进历程**等多元面向，还特别设计了能让大家天马行空发问的"快问快答"单元。在阅读时，你可以把它视为科普版的"科学通史"，也可以单纯地把它当作有趣的科学故事书来读……这都没有问题，因为我们相信这套书的内容，结合了我们耕耘多年的知识结晶，一定能让大家得到意想不到的收获。

LIS科学教材研发团队

目录

出场人物 VI

第 **11** 课
用电解发现新元素——戴维 1

第 **12** 课
万物皆由原子构成——道尔顿 13

第 **13** 课
被遗忘的"分子说"——阿伏加德罗和盖-吕萨克 25

第 **14** 课
打开有机化学之门——维勒 39

第 **15** 课
寻找化学反应平衡——古德贝格和瓦格 51

第 **16** 课
了不起的元素周期表——门捷列夫 63

IV

第 **17** 课
"电离说"（上）：原子不可再分割吗？　　75
——阿伦尼乌斯

第 **18** 课
"电离说"（下）：酸碱与pH　　89
——阿伦尼乌斯和索伦森

第 **19** 课
发现电子与原子模型——*汤姆孙和卢瑟福*　101

第 **20** 课
质子、中子与其他构成原子的粒子　　115
——*卢瑟福和查德威克*

附录1　本套书与初中、高中化学教材　　128
　　　　学习内容对应表

附录2　名词索引　　129
　　　　图片来源　　132

出场人物

鲁芙
双鱼座
十四岁

凡事认真，爱笑又爱哭的中学女生。喜欢化学却总是学不好，听说科学史研究社来了很厉害的新老师，连忙拉着好友严八一起参加。

严八
射手座
十四岁

满脸雀斑的大男孩，讨厌考试与教科书，经常在上课时偷看漫画书，很好奇竟有"听故事就能学会化学"的社团，勉为其难跟着鲁芙一起去。

LIS老师

天秤座
年龄不详

　　科学史研究社的社团老师。自认为是浪漫的科学青年，最爱自己蓬松有型的鬈发。喜欢化学和烹饪，最擅长用说故事的方式让学生爱上科学。

/ 第 11 课 /

用电解发现新元素

戴维

话 说，伏特电池全新推出，一时之间门庭若市、万头攒动，马上成为科学界最潮、最酷的新"玩具"。各个科学家迫不及待，想要找到除了可以"电动物"之外，伏特电池还有什么科学用途。因为如果这个新发明也只能电人、电动物，那不就跟以前的"莱顿瓶"没有两样吗？这未免也太可惜了！

还好，1800年伏特发明的"伏特堆"，不但是电力强化的改良版，而且使用方法也很简单，只要将电池的正极和负极分别接上导线，剩下的就只要等电池慢慢放电即可，所以很快就有人找出了它的新用途。就在同一年，出现了一篇十分重要的实验报告，那就是《利用电池电流分解水的方法》。

电原来能分解物质

"什么？电流可以分解水？"这种想法在当时非常新鲜。因为过去的科学家们一直以为只有"火"可以分解物质，没想到当下最时髦的"电"竟然也可以！

这篇报告是英国科学家威廉·尼科尔森（William Nicholson）和安东尼·卡莱尔（Anthony Carlisle）的研究成果。他们用三十六枚银币加上锌片、中间夹着以盐水浸渍的硬纸片做成电堆，并用金箔做电极。当电极被放进水里后，电极上开始有气体产生，于是他们又用排水集气法来收集这些气体，但是竟然只得到一点点的气体。

我们整整电了十三个小时！

竟然只得到16.4立方厘米的气体！

威廉·尼科尔森
1753—1815
英国化学家

安东尼·卡莱尔
1768—1840
英国外科医生

已经不错了。之前有人用莱顿瓶电水，重复放电一万四千次，最后只得到一个小气泡！

其实，尼科尔森和卡莱尔的电解非常成功。虽然实验的时间很长，但他们成功地从正极和负极上收集到了纯净的气体——负极产生的"氢气"，正极产生的"氧气"；而且，氢气的体积是氧气的两倍，这刚好就是产生水所需要的氢气和氧气体积比例（水的化学式即为H_2O）。所以，这项报告公布之后，马上就轰动了科学界。

有了这些发现，才让当时的科学家意识到："原来，电可以用来分解化学物质！"
这就是现在化学课本所教的"电解现象"哟！

哇！电真好用！

以前的科学界也太容易激动了吧！

同年9月，德国科学家里特（Johann Wilhelm Ritter，1776—1810）也用伏特电池做了类似实验，同样在正负极得到氧气和氢气，还加码电解硫酸铜溶液，并产出了铜金属，再次轰动科学界。

发现"笑气"，闯出知名度

接下来，换我们的电解大师——戴维（Humphry Davy，1778—1829）出场。一开始，戴维只是英国牛津大学一名化学系教授的助手，协助教授进行气体研究，并在1799年发现了俗称"笑气"的一氧化二氮（N_2O，亦称氧化亚氮）。由于吸入笑气会引人发笑，演示效果新鲜有趣，戴维渐渐成为英国乃至欧洲的知名人物，他被英国皇家学院的院长请到伦敦主持科学讲演，更是大受欢迎，演讲门票一票难求，所以戴维在还不到二十五岁时，就已成为风靡英国学术界的明星教授。

看到这里你可能会觉得有点儿奇怪，没错，当时去听科学讲演可是要买票的哟！看看下面这张1802年的漫画你就知道，在那个没有电视、电影和网络的年代，

观看科学家讲演新发现——一会儿冒烟，一会儿爆炸，一会儿通电，一会儿喷火花……简直跟变魔术一样，是非常吸引上流社会少爷、小姐们参与的时髦活动。

深入现象，探究细节

但是当戴维看过《利用电池电流分解水的方法》后，他的注意力彻底地被电解现象吸引住。戴维不研究还好，一研究便快速成为电解领域的高手。后来，他把几年内研究的电解成果写成《关于电的某些化学作用》一书，在英国皇家学会出版，获得当时科学界的大力赞扬。

戴维之所以能被称为大师，不只是因为他"很会电解"，还在于他对电解过程中发生的现象做了许多仔细的研究。

当时科学家发现只要电解水，正极总会出现"酸"，负极总会出现"碱"。当大家找半天也搞不清楚酸和碱从哪儿来时，戴维却换了一个方向想："水是由氢和氧所组成的，分解后也应该只有氢和氧，如果出现了不应该出现的酸和碱，应该是因为水中有杂质所造成的。"所以，他用纯净的蒸馏水取代一般的水，并且打入氢气驱赶水中的其他气体，再次进行电解，果然就不会产生酸和碱了。

这个实验成功后，戴维进一步想道：对水来说，盐溶液（即盐水）中的盐分，不也算是"杂质"吗？所以他大胆地推测：电解盐溶液肯定也能够得到酸和碱！果不其然，他拿硫酸盐来实验，的确得到了硫酸和碱。

不只如此，戴维还推论：氢、金属、碱应该都带正电，所以会被负电吸引，才会出现在负极；相反地，氧和酸都带负电，所以会被正电吸引，才会出现在正极。当时，人们并不知道使物质结合的"亲和力"究竟是什么东西。而戴维的理论——**物质间的亲和力就是电力**，不仅符合异性相吸、同性相斥的电学概念，也清楚地说明物质能被电分解的原因。

简单地讲，戴维指出，**物质会结合是因为有正、负电，但是只要出现比物质正、负电更强的电势，就可以把它们拆开**。上述这些就是《关于电的某些化学作用》的主要内容，光是从电解现象这一个方面就能解释这么一大堆，你说戴维不叫大师，谁叫大师呢？

用电解发现新元素

汉弗里·戴维
1778—1829
英国化学家

戴维在1806年出版《关于电的某些化学作用》一书后，并没有停下脚步。1807年，他人生中最疯狂的电解实验，才要开始。

"如果化学的亲和力真的像我假设的那样，是因为正负电互相吸引，那么，只要电力足够大，不就可以把物质拉开，也有机会发现新的元素吗？"戴维心里这么想。

于是他决定，要用强力电堆，从电解"苛性碱"下手。

什么是"苛性碱"？"苛性"具有"腐蚀性"。当时的苛性碱，指的就是具有腐蚀性的氢氧化钠或氢氧化钾。不过，那个年代的人根本不知道有钠和钾这些元素。例如，拉瓦锡就以为苛性碱可能是氮的某种化合物。那戴维呢？

"苛性碱可能是氮的磷化物或硫化物吧？"

戴维完全没有想到苛性碱里面其实藏着某种金属，他一开始只是很单纯地想把它们分解开来。

不过，接下来的实验并不顺利。

他先电解苛性钾的水溶液，但是电极上却只得到氢和氧。这代表水被电解了，但是碱却一点儿也没有改变。

"看来水是个小麻烦，要在水中电解苛性碱是不可行的，"戴维心想，"那可怎么办……"他接着推论："试试看不用有水的苛性碱好了！"

可是，完全干燥的苛性碱不导电，根本不能电解呀！所以，他试着把苛性碱整个加热熔化，这次确实能够通电，但是因为温度太高，负极烧了起来！（哔哔哔！这个实验超级危险，请勿、千万、绝对不要模仿！）

"有了有了，苛性碱真的被分解了！"戴维的热情果然异于常人，面对危险的实验仍然满脸兴奋，"但是，温度这么高，我想得到的生成物，应该一出现就会被烧掉吧！"

戴维必须想想其他办法。这次，他改让苛性碱"受潮"，在潮湿的状态中去电解，果然有了重大进展。

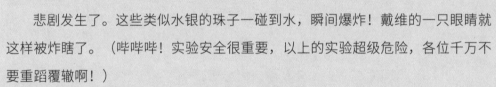

"有了有了，负极开始有像水银的珠子产生了！"戴维看着自己的成果很激动。为了不让生成物被烧掉，他动作迅速地把整个坩埚放进水里降温，结果……

悲剧发生了。这些类似水银的珠子一碰到水，瞬间爆炸！戴维的一只眼睛就这样被炸瞎了。（哔哔哔！实验安全很重要，以上的实验超级危险，各位千万不要重蹈覆辙啊！）

炸虾？

是炸瞎啦！

我不会放弃的，一定要电解下去！

眼睛受伤并没有浇灭戴维的热情。他继续进行电解苛性碱的实验，最后得到一种从来没人见过的东西——它闪着银色光泽、能用小刀切开、比水轻、浮在水上会一边冒泡一边吱吱作响，戴维把它取名为"**钾（K）**"。

接着，他又电解苛性苏打，发现了钾的同门兄弟，戴维给它取名为"**钠（Na）**"。

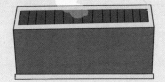

戴维的电解装置。

随后，他在皇家学会的讲台上，当场展示了钠和钾的神奇特性。台下的听众纷纷张大了嘴巴、睁大着双眼，没想到在具有腐蚀性的化合物中，竟然暗藏着闪着银白色光泽的奇怪金属。

接下来的一年，戴维继续用他超高明的电解技术，陆续分离出**钙（Ca）**、**镁（Mg）**、**锶（Sr）**、**钡（Ba）**、**硼（B）**这五种全新的元素。戴维在短短两年内就成功发现七种元素，创下前无古人、后无来者的世界纪录，也成为化学史上发现元素最多的人。

挑战伟大的拉瓦锡

当戴维用电解技术"电开"了通往化学新元素的大门后，不难想象，许多化学家也前仆后继跟随他的脚步，尝试用新开发的电解技术，寻找世界上的其他新元素。

不过戴维的电解贡献可不止于此。电解是用来分离物质的，除了可以分离出新的元素，也能用来确定某种物质还能不能再被分解。所以在找出许多新元素后，经常在电解酸碱的戴维，又发现了一个惊人的事实：大科学家拉瓦锡的"酸必然含有氧"理论——其实是错的。

拉瓦锡

原来，戴维在电解盐酸时发现：盐酸虽然属于酸，但电解后却只能得到氢气和一种黄绿色气体。而这种黄绿色的气体，不管再怎么做，就是无法分离出氧气。所以，戴维在1812年出版的《化学哲学原理》中写道：

"我认为氧化盐酸（这种黄绿色气体在当时的名字）不是一种化合物，它更像是一种单纯的物质，像氧气一样可以帮助燃烧。所以燃烧并不像拉瓦锡说的非氧气不可，而酸其实也不一定都含有氧。"

不过，碍于拉瓦锡 （是个大人物） 的理论还是能解释大部分的燃烧及酸碱现象，戴维的看法并没有被当时的人们接受。但科学就是这样，正确的理论不见得马上会被认同，但随着时间的推进，错误的理论会被逐渐修正，正确的理论则会被留下来。

最后，历史证明，身为电解高手的戴维是对的。

快问快答

1 除了"火"跟"电"以外，现在还有其他方法可以分解物质吗？

　　加热、通电、光照，都是经常用来分解物质的化学方法。古人用火，是让物质在空气中燃烧、分解。但后来人们发现，许多物质在没有氧气的状况下加热，也可以进行**"热分解"(或裂解)**；还有些物质可以被光分解，称为**"光解作用"**，像是大气中的臭氧吸收紫外线后，会分解成氧气和氧原子。

　　当然，近代人们发现，使用中子或其他射线撞击原子，也会使原子核分解。但是这一类的核分裂反应会产生新元素，传统的加热、通电、光照等方式则不会。

"竹筷干馏"实验，就是利用热来分解的例子。

竹筷干馏后会分解成氢气、一氧化碳、甲烷、二氧化碳、醋酸、焦油和碳等物质

铝箔里面包着竹筷

2 市场上有卖"电解水"的，可是，水电解以后不是只会产生氢气和氧气吗？喝"电解水"真的会变健康吗？

　　如果是"纯水"，电解之后只会产生氢气和氧气。但坊间推销的"电解水"通常不是"纯水"的产物，而是把含有盐分的水电解后，再经过半透膜

Chap. 11

11

把电解出来的离子分离，成为"碱性水"和"酸性水"。

业者鼓励大家喝的是"碱性水"，他们认为喝"碱性水"会中和"酸性体质"，使人体处在比较健康的微碱性状态。但是这种说法很有争议，至今也没有得到科学界的证实。"碱性水"进入人体的第一关是胃，胃会分泌强酸性的胃酸，把碱性水中和掉。而且，如果制造"电解水"的水本身水质不佳，也有可能电解出含有重金属的"碱性水"，无益于身体健康。

原来，喝"电解水"不一定会变健康！

想要变健康，你可以选择其他途径。

LIS影音频道

扫码回复
"化学第11课"
获取视频链接

【自然系列——化学／酸碱02】电解物质与酸碱——电解大师戴维（上）

电解，就是用电分解物质，电解大师戴维还因此找到许多新元素呢！但你知道电解"酸"会出现什么吗？

【自然系列——化学／酸碱02】电解物质与酸碱——电解大师戴维（下）

疯狂进行各种电解实验的戴维，成了世界上发现元素最多的人！他还推翻了拉瓦锡的重要发现。既然决定酸的关键不是氧，那究竟是什么呢？

/ 第 12 课 /

万物皆由原子构成

道尔顿

翻开化学课本的前几章，开宗明义介绍了原子与分子。只不过课本的篇幅有限，短短几页就把原子介绍完了。但既然化学课本把原子摆得这么靠前，为什么LIS老师的化学课都说到十九世纪了，却连个"原子"的影子都还没提到呢？

老师，你的"原子课"排得太靠后啦！

你别着急，耐心听我说下去吧……

事情是有原因的，一个理论提出来只要几分钟，但是在从无到有的形成过程中，必须经过非常漫长的时间。现在的我们很幸运，翻开课本就知道"一个氧分子是由两个氧原子构成的""水是由一个氧原子加两个氢原子构成的"。但是，"世界上到底有没有原子？"人类却整整花了两千多年，才慢慢摸索出来这个问题的答案。

原子论的起源

为什么需要花这么久的时间？这是因为原子非常微小，看不见也摸不着，当然也无法被人类"感觉"到。

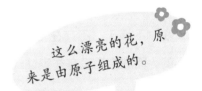

这么漂亮的花，原来是由原子组成的。

举例来说，一般人看到花，很容易观察到它的颜色、花形，闻到花的香味；仔细深入探究，会发现花有雄蕊、雌蕊，还带着些许的花粉。可是，如果不曾接触过相关的知识，你会想到花是由原子构成的吗？通常不会。

无法被人类的感官感受到的东西，通常就不容易被发现；即使被发现，大部分的人不在意也不容易理解。所以，这么想想你就会明白，发现原子、建立原子理论的人有多么厉害。

Chap.
12

最早提出"原子"这个名词的是古希腊的哲学家。据说，两千五百多年前的古希腊哲学家们，曾为了"物质究竟是由什么组成"这一问题争论不休。其中一派是原子派，认为世界万物经过一次又一次的分割之后，会越分越小，最后小到无法分割时，那个无法被分割的最小单位，就叫作"原子"。所以原子的英文"atom"，就是从希腊文来的，意思是"不可分割"。

"原子"这个词，后来也出现在公元前五世纪古希腊哲学家德谟克利特（Democritus）的著作中。德谟克利特认为，**自然世界**是由**"原子"**与**"虚空"**所构成的。**"原子是'存在'，虚空是'非存在'，但是'非存在'不等于'不存在'，只是因为原子是充实的，而虚空是没有充实性的。"**

非存在······

存在······

不存在······

德谟克利特
公元前460—前370
古希腊哲学家

救命！
你在说什么？

但是，哲学家们没有做实验，只是凭着日常经验和自己的想象进行论述，有时可能会说错，当然也有说对的时候。所以，"自然世界是由'原子'与'虚空'所构成的"这一说法还是要经过后代科学家的检验。

"原子论"与"微粒说"

一直到十七世纪，咱们的"化学之父"波义耳在实验中观察到许多现象，公开表示赞同古希腊哲

物质是由数目众多的微粒构成的。粒子先结合成粒子团，粒子团再聚合成物质。

波义耳

学家的观点。但是他是用**"微粒"**（corpuscle）的说法，而不是原子。

波义耳经常在实验中发现"气体是可以压缩的""液体蒸发后可以弥漫到整个空间"，以及"盐块溶解后，可以穿过滤布的微小孔隙"等现象，如果这些物质不是由微粒组成的，怎么可能办得到呢？所以，他在自己的著作《怀疑的化学家》里大力推崇"微粒说"，波义耳认为世界上的微粒只有一种，不同的物质只是因为微粒的粒子团以不同的数量、排列和运动方式结合在一起，所以才会产生差别。

或许是这种观点太前卫，当时的化学家们普遍很难接受。倒是大科学家牛顿非常赞同，所以牛顿才会跟波义耳一样，相信"炼金"是可能的，因为他们认为："反正物质都是由同一种微粒构成的，只要在炼金的过程中，找到重新排列组合粒子团的方法，贱金属就能变成真黄金了！"

不过说归说，当时还没有先进的化学技术能够检验原子或微粒是否真的存在，所以不管是"原子论"或"微粒说"，就只能这么被摆着。

一直到了十九世纪，人类社会开始进入"电气"时代，听起来虽然很先进，但人类对于物质本质的认识还不是很清晰。比方说，普利斯特里发现了制造氧气的方法；拉瓦锡也已经确认氧气能助燃，并发现氧气与两倍的氢气在一定的条件下会生成水……但是，氧究竟是由什么物质构成的？这些物质到底是圆的还是扁的？仍然没人知道。

直到1804年，半路杀出一个英国气象学家道尔顿（John Dalton），人们对物质的基本组成，才有了一个大致正确的看法。

从空气衍生出来的"原子说"

曼彻斯特日报

你还在为没有办法学好算数困扰吗？

还在为读不懂地理与环境而苦恼吗？

想对数学与自然哲学有更深一层的理解吗？

想说流利的外语并了解各种优雅的文法吗？

约翰·道尔顿是你最佳的选择。

现在报名优惠价：一年只要十英镑！

心动不如马上行动，有意者请来信至弗克那街35号。

约翰·道尔顿

    上面这则广告竟然署名"约翰·道尔顿"！没错，大科学家道尔顿又在刊登广告招收学生了。原来，他不像大多数的科学家那样身为贵族经济条件优渥，又为了专心做研究而辞去了忙到无法喘气的大学工作，最后只好改用兼职家教的方式，让自己能自由研究又不至于饿死。

    不过，让人好奇的是，道尔顿在三十岁之前都主攻"气象学"，为何后来会提出重要的化学理论"原子说"呢？其实，这一开始的确跟他最爱的气象有关。

约翰·道尔顿
1766—1844
英国气象学家、化学家、物理学家

由于道尔顿每天都会规律地观测天空，也对空气产生了兴趣：

"空气为什么能自由流动？它的基本组成又是什么样子的呢？"道尔顿的心里充满疑惑。后来，这个气象学的研究课题，渐渐就变成探讨化学物质本质的问题了。

他曾经把不同气体混合，结果发现：**混合后的气体压力等于所有气体混合前的压力总和。**

"原来每种气体的压力相加，会等于混合后的压力。看来，这些气体混合得相当均匀。"这是道尔顿观察到的现象。但是，当他在1801年提出这项**"分压定律"**时，还没有办法解释这一现象的原因。

"要能均匀地混合，彼此之间又不会互相影响……"道尔顿持续不断地思考，"应该就像老前辈波义耳说的一样——气体是由微小的粒子所组成的，所以，空气的粒子才能自由、均匀分布在每个地方吧！"

气体

粒子

道尔顿的观察：

当两种气体被放在同一个空间的时候，

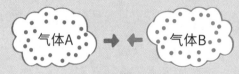 

空气的微小粒子也可以均匀地混合在一起。

> 没错，应该就是微粒。老前辈的话不是完全没有道理。

不过，虽然道尔顿采用了波义耳的微粒观点，但是他和波义耳最大的不同是：波义耳认为世界上的微粒只有一种，而道尔顿认为各种物质应该是由不同的微粒组成的。

1803年，道尔顿在曼彻斯特哲学学会上，正式提出了他所发现的"原子说"：

1. "原子"是不能再分割的物质的最小单位。

● ● ● ● ● ●　原子

2. 同样元素的原子拥有相同的性质与质量；
   不同元素的原子则有不同的性质与质量。

原子A＝原子A

原子A≠原子B

3. 一个一个的"简单原子"，可以组成
   好几个原子一组的"复杂原子"。

简单原子　　　　　复杂原子

（也就是后来的"分子"，但当时还没有分子的概念。）

4. 原子或复杂原子之间变化的过程，就是所谓的"化学反应"。

原子或复杂原子的变化过程＝化学反应

不同元素的原子那么小，看不见也摸不着，该怎么区分不同元素的原子呢？道尔顿认为，可以利用"原子的重量"来区分。但是原子那么小，总不能拿秤来称重吧？

道尔顿想出一个聪明的办法。他拿世界上最轻的元素"氢"作为标准，把**氢的重量当作"相对原子质量1"**，然后看其他元素的重量是氢的几倍，就能计算出不同元素的相对原子质量了。

在当时，人们虽然知道物质含有什么元素，但不知道元素间确切的比例。道尔顿认为，自己既然提出了"原子说"，就有责任找出不同原子的相对原子质量。所以，他决定根据前人已经完成的研究来进行分析。

比方说，英国医生奥斯丁（William Austin，1754—1793）发现——在氨中，氢和氮的重量比是1∶4，即氮的重量是氢的四倍，所以氮的相对原子质量就是4。另外，根据拉瓦锡对水的分析——水中氢和氧的重量分别占12%和88%，氧的重量是氢的七点三倍，那么氧的相对原子质量就是7.3[1]。

最后，道尔顿还用这种归纳分析的方法，列出了化学史上第一张"相对原子质量表"，其中包含多种简单原子和复杂原子（如右表）：

这是人类在化学世界的一大研究进展！虽然从

道尔顿的相对原子质量表。

---

[1] 注：实际上，氮的相对原子质量是14，氧的相对原子质量是16。

现在的眼光来看，这种分析相对原子质量的方法并不正确，计算出来的相对原子质量也有待修正。但是道尔顿提出的"原子说"，还是大大地冲击了当时的科学界，让原本含糊不清的原子、微粒理论，有了更明确的含义。

更重要的是，道尔顿的原子理论影响了人们看待物质的方式，确认了**"物质是由粒子组成的，物质变化是因为粒子的运动"**的观念。至于原子真的不可再分割吗？要验证这件事，又是将近一百年后的事了。

热衷于推广教育的科学家

随着道尔顿在科学界的声名远播，不管是欧洲还是美洲的学者都试着与他联络。但是，当学者们到他的住处拜访时才发现：道尔顿虽然已是举世闻名的科学家，却仍旧过着清贫而简朴的生活。

道尔顿没有多余的闲暇娱乐，真要说有什么娱乐的话，那就是他很热衷于推广教育。除了继续研究原子外，道尔顿还成立了"英国科学推广协会"，定期举办"科学季"，把新的科学发现分享给社会大众，使一般的民众也可以了解科学。他还提供研究基金支持学生做研究，鼓励他们对科学保持热忱。这样的活动确实帮助了许多未来的大科学家，像是提出**"能量不灭定律"**的英国物理学家焦耳（James Prescott Joule，1818—1889），正是道尔顿的学生。

不过，大名鼎鼎的道尔顿仍然会受到挑战。接下来，来自法国的青年化学家盖-吕萨克（Joseph Louis Gay-Lussac，1778—1850）即将对他抛出"半个原子"的挑战。道尔顿的"原子说"顶得住吗？会不会面临需要被修正的命运呢？

科学的巨轮总是朝向真理推进，就算最后发现自己的理论确实需要被修正，一生向往真理的道尔顿应该也会很高兴吧！

快问快答

1 课程里讲到"原子",也讲到"元素",它们的差别究竟在哪里?像是氧元素和氧原子到底有什么不同呢?

　　元素:**质子数（即核电荷数）相同的一类原子的总称。**元素应用于描述物质的宏观组成,只讲种类,不讲个数。

　　原子:**化学变化中的最小粒子。**应用于描述物质的微观构成,既讲种类,又讲个数。

　　以水（H_2O）举例:水是由氢元素和氧元素这两种元素组成的,一个水分子是由两个氢原子和一个氧原子构成的。

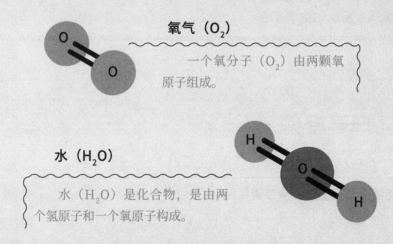

氧气（O_2）

一个氧分子（O_2）由两颗氧原子组成。

水（H_2O）

水（H_2O）是化合物,是由两个氢原子和一个氧原子构成。

2 道尔顿的"原子说"到现在都还是对的吗?

　　理论方向大致上是正确的,但有些部分也陆续经过了修正及调整:

道尔顿的"原子说"	理论方向	科学家验证后发现
一切物质都是由称为"原子"的微小粒子所构成。	✓	完全正确！
原子是不能再分割的！	X	原子里还有**电子、中子、质子**等更小的粒子。
同一种元素的原子质量相同，不同元素的原子质量不同。	X	相同的元素、不同的原子有不同的质量，那就是"**同位素**"。
一个一个的原子可以组成好几颗一组的"复杂原子"。	✓	正确。不过，"复杂原子"现在改称为"**分子**"。
原子或复杂原子之间的变化过程就是所谓的化学反应。	✓	完全正确！

LIS影音频道 ▶

扫码回复"化学第12课"获取视频链接

【自然系列——化学／物质探索05】"原子说"的出现——道听途说，不如听道尔顿图解"原子说"

"呜呜呜……学校倒了怎么办？"不同于前面几集的"好野人"科学家，这集的道尔顿从小又贫又苦。他究竟遇到了哪些好心人的帮助，找到了天地万物间的重要秘密呢？

/ 第 13 课 /

被遗忘的"分子说"

阿伏加德罗和盖-吕萨克

 开始，先想象一个热闹画面……

1860年，在德国举办的卡尔斯鲁厄会议（Karlsruhe Congress），是历史上首次登场的国际化学家会议，也是全世界第一个聚集众多科学家的国际聚会。总共有来自十五个国家、将近一百五十名顶尖化学家出席这场盛会，目标是希望在原子、分子、相对原子质量、化学符号及化学命名法等问题上，达成全世界一致的共识。

　　卡尔斯鲁厄会议在化学史上占有重要的地位，它象征着化学研究终于形成世界性的共同体，有共同的符号和共同的语言。图为十九世纪末的卡尔斯鲁厄城市街景。

卡尔斯鲁厄会议的重要插曲

这场史上首创的国际科学研讨会长达三天，只可惜直到最后一天，在场的科学家对原子与分子的概念，仍然无法达成共识。正当大家为了自己所支持的观点争得面红耳赤、音调也越提越高时，来自意大利的科学家——坎尼扎罗（Cannizzaro Stanislao）突然在会议上发放一本神秘的小册子。

这本小册子当然不是广告传单，而是坎尼扎罗自己写的《化学哲学教程概要》，里面逻辑严谨、表达清晰，把原子与分子的概念讲得一清二楚，马上就吸引了大家的目光。

拜托支持一下！

拜托！

好像在发便当广告！

你就只会想到吃……

斯坦尼斯拉奥·坎尼扎罗
1826—1910
意大利化学家

一本原本不起眼的小册子，却有如神功秘籍，熠熠发亮。据说，有位科学家事后回忆："虽然只是一本小册子，但却拨开大家眼前的迷雾，许多疑团也烟消云散了。"

于是，自从道尔顿在半个世纪前提出"原子说"后，化学世界出现的混乱现象，被这本突如其来的小册子给平息了。但讽刺的是，册子里让大家迷雾顿开、豁然开朗的"分子说"，是引用自五十年前意大利化学家阿伏加德罗（Amedeo Avogadro）提出的理论，只不过在当时没有受到重视，还被众人看轻，没想到这下咸鱼翻身，竟然变成了大家解开疑惑与争端的钥匙。

让我们把时光倒转，回到1804年，也就是道尔顿提出"原子说"的第二年。

"半个原子"的风波

1804年，道尔顿刚提出震撼性的"原子说"后不久，盖-吕萨克正跟着德国的科学家兼探险家亚历山大·冯·洪堡（Alexander von Humboldt，1769—1859），一起坐上热气球到达5 800米的高空中，进行空气测量与地磁学的研究。1805年，他回国以后，则开始重复进行当时很多科学家都做过的实验——"氢与氧化合时的体积比"实验。

约瑟夫·路易·盖-吕萨克
1778—1850
法国化学家、物理学家

年轻的盖-吕萨克发现：

当氢过量时，氢与氧化合时的体积比是：

199.89（份）：100（份）

当氧过量时，氢与氧化合时的体积比是：

199.8（份）：100（份）

换句话说，如果考虑可能出现的些许误差，氢和氧化合成水的时候，体积大约呈现：

氢与氧→2：1

"真奇妙！其他的气体反应，是否也会呈现这种'简单整数比'的现象呢？"盖-吕萨克好奇心大爆发，接下来，他陆续测试了好几种气体：

煤气①与氧 → 200 : 100

氮气与氢 → 100 : 300

氨与氯化氢 → 100 : 100

二氧化硫与氧 → 200 : 100

"哇，真的都有简单的整数比！"

"这不会是巧合，其中一定隐藏着什么惊人的秘密！"

于是，1808年，他提出**"气体化合时的体积比定律"**，认为：

各种气体发生化学反应时，常以简单的体积比相结合。

在当时，盖-吕萨克也跟大部分的科学家一样，非常支持道尔顿提出来的"原子说"。不过，道尔顿只说了物质是由原子构成，却没有告诉大家，是由"多少"原子构成，所以，还必须找到缺失的环节，才能解释"原子说"所无法解释的部分。

盖-吕萨克想找出的，就是这个关键性的理论。他用原子数量的观点，探讨自己找到的气体化合体积定律，经过一长串的沙盘推演，他说：

"同温同压下，相同体积的不同气体中，所含的原子数相同。"

当然，他这里所说的"原子"与道尔顿一样，都包含了简单原子和复杂原子（化合物）。

但这个理论公开以后，受到了道尔顿严厉的批评：

"盖-吕萨克的假设如果成立，那原子说不就会出现'半个原子'的情形？"

"胡说胡说，不对不对！"

① 煤气：此处的煤气指煤气中的一氧化碳。

道尔顿的反驳不是没有道理。首先，他认为，不同物质的原子大小不同，所以，同体积的不同气体怎么可能具有相同数目的原子呢？第二，就算同体积的不同气体"真的"具有相同数量的原子。盖-吕萨克自己说过："一罐氢加一罐氯会生成两罐氯化氢。"那么，每罐氯化氢的原子里，不就只含半个氯原子和半个氢原子吗？

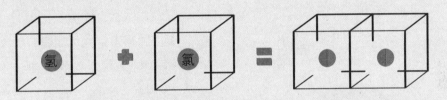

一罐氢＋一罐氯＝两罐氯化氢　　　半个氢原子＋半个氯原子？？？

"年轻人！原子是不可分割的，不会有'半个原子'的啊！"道尔顿很坚持自己的理论。他甚至质疑盖-吕萨克的实验数据不可靠。但事实上，盖-吕萨克虽然年轻，气体实验的技术却与道尔顿不相上下。

就这样，年轻科学家和老前辈僵持不下，彼此间的矛盾惹得江湖上人尽皆知。但还好，人尽皆知不是坏事。在科学的领域中，总会有高人适时出现，用更高明的见解或更高超的实验技巧，去化解两派科学家的争端。这位高人在哪儿？让我们继续看下去。

盖-吕萨克的假说有实际的实验结果可以证明其合理性；而道尔顿"不会有'半个原子'存在"的反驳，听起来也不是没有道理。他们两位针锋相对，僵持不下，一时之间，科学家们也不知如何是好，无法判断谁对谁错。这场争论最后吸引了一个关键人物的注意，他就是远在意大利维切利皇家学院的物理学教授阿伏加德罗。

一个变两个，原子变分子

阿莫迪欧·阿伏加德罗
1776—1856
意大利化学家、物理学家

十八世纪末，阿伏加德罗出生在意大利北部富裕的法律世家。不过，当时意大利早已脱离辉煌灿烂、文化鼎盛的文艺复兴时期，也不再是盛极一时的神圣罗马帝国，反而深受政治纷扰、国家分裂之苦，影响了科学领域的发展。所以，化学进展跟欧洲其他国家比起来，显得落后又缓慢，是不受重视的边缘地带。

原本阿伏加德罗打算继承家业，很快拿到了法律博士学位。但在三十岁那年，他却对物理产生了兴趣，一头栽进物理的世界。

1808年，盖-吕萨克提出"气体化合时的体积比定律"，开始了他跟道尔顿之间的论战。远在意大利的阿伏加德罗，不但注意到了这场争论，而且还找出了化解两人争端的方法。

首先，他觉得道尔顿的"原子说"没有错误，只要修改一下，在"原子"的层次之上，再增加一个"分子"的层次：

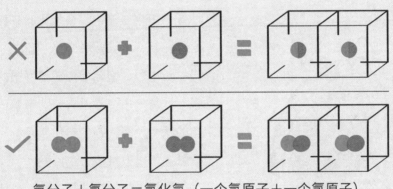

两个氢原子 = 一个氢分子　　　两个氯原子 = 一个氯分子

这样一来，原来的"半个原子"的问题就会消除。

氢分子＋氯分子＝氯化氢（一个氢原子＋一个氯原子）

至于盖-吕萨克的理论，阿伏加德罗觉得也没有错，只要把他原来的结论稍微修改：

✗ "同温同压下，相同体积的不同气体中，所含的**原子数**相同。"

✓ "同温同压下，相同体积的不同气体中，所含的**分子数**相同。"

这样一来，盖-吕萨克和道尔顿争论的症结就可以解开。这也就是现今在我们课本上的**"阿伏加德罗定律"**。

寂寞的真理先行者

这个世界常是这样：当有人率先说出真理时，大部分的人们都还听不进去，阿伏加德罗就面临这样的困境。

1811年，阿伏加德罗在《物理杂志》上，公开了他"分子说"的想法，却引来了诸多不信任的议论："什么分子啊，听都没听过！""这个意大利来的阿伏加德罗是哪位？""意大利的科学研究一向不怎么样，这个假说可靠吗？"

雪上加霜的是，他的理论更受到当时最权威的电化学家贝采尼乌斯（Jons Jakob Berzelius）的激烈反对。因为在那个时代，科学界正流行贝采尼乌斯提出的"电化二元论"，而"分子说"根本不符合"电化二元论"的主流思想。

"电化二元论"认为，原子如果要结合在一起，应该要一个带"正电"，一个带"负电"。但阿伏加德罗提出的"氢分子""氯分子"是没有分别带着正电和负电的两个原子，跟"电化二元论"的观点抵触，所以很难被大众接受。

虽然道尔顿的"原子说"也认为"原子可以互相结合，形成复杂原子"，但道尔顿提出的"复杂原子"概念，也必须是"一正、一负"，而不是像阿伏加德罗提出来的那些"正正"或"负负"的分子。所以，道尔顿听到"分子说"时，曾不高兴地反驳："如果是你，没名气，又到处被打击，应该会非常丧气吧！会不会就此开始自我怀疑、回家舔伤口过日子呢？"

> 糟糕，我的"电化二元论"是错的？！

永斯·雅各布·贝采尼乌斯
1779—1848
瑞典化学家

道尔顿

氢气怎么可能是两个氢原子的组合呢？两个同样电性的原子会排斥，你的假说有问题！

阿伏加德罗

同样电性的原子真的可以组合，您听我说……

我们不知道当时的阿伏加德罗心里怎么想，不过，"分子说"真的就此被静静地晾在一边好久、好久、好久……

时光无情地流转，道尔顿过世了、贝采尼乌斯过世了、盖-吕萨克过世了……最后，连阿伏加德罗也过世了。直到五十年后，尘封多年的分子说才被年轻的坎尼扎罗重新提出，终于在卡尔斯鲁厄会议上大放光彩。

沉睡的真理会醒来

看到这里，你可能会为阿伏加德罗叫屈，为什么他还活着时没有人相信他的理论，直到死后人们才愿意面对真相呢？

有句话说："装睡的人叫不醒。"现在再来看这段历史会发现，其实人们并不是故意"装睡"，而是当时人们对真相根本不了解，只能选择相信那些"可以解释比较多的现象"的说法。而"电化二元论"就是这样，所以，多数人会选择用它来解释大自然的现象，至于与它不相容的"分子说"，自然受到排斥。

感谢坎尼扎罗让"分子说"获得重生，把挡在科学前面五十多年的"原子说"巨石推开，开辟出一条全新的科学研究道路。就在阿伏加德罗发表"分子说"的一百年后，科学家也以实验证明了：**相同元素的原子，可以以"双原子"甚至"多原子"分子的形式存在。**

所以，我们应该时刻提醒自己：只是"相信"一个理论是不够的。在相信之余，更要重视用实验去检验理论，这才是真正的科学态度，也才是科学最可贵的价值所在。

1 化学讲到原子与分子时，会提到"摩尔①"（mol）这个单位。一摩尔原子或分子的数目，大约是六千亿兆（6×10²³）个。"6×10²³"这个数字又被称为"阿伏加德罗常数"，是因为它是由阿伏加德罗制定的吗？

不只是原子、分子，还有离子、电子等粒子，也都可以用摩尔来计量。不过，这个看起来很麻烦、很厉害的"阿伏加德罗常数"，并不是阿伏加德罗制定的，在阿伏加德罗生活的年代根本还没有"摩尔"的概念。摩尔这个概念是在1896年由德国物理化学家威廉·奥斯特瓦尔德（Friedrich Wilhelm Ostwald，1853—1932）提出的。而摩尔"mol"这个词则来自拉丁文"moles"，意思是"大量"和"堆集"。而你也别再嫌"6×10²³"这个数字太难背了。事实上，科学家经过精密的实验与计算，实际测出的阿伏加德罗常数应该是（6.022 141 29±0.000 000 27）×10²³！所以"6×10²³"已经是被简化的数字了！

或者你也可以仿效美国、加拿大或其他几个国家，把每年的10月23日定为"摩尔日"，在当天上午的6:02到下午6:02间，举办一场化学欢乐派对，这样应该就能帮助你牢牢记住这个数字了吧！

派对！

耶！化学欢乐派对！

① 摩尔：物质的量的单位，符号mol。在化学反应的定量计算中，常使用摩尔。

2 常听到媒体报道的"分子料理"或"分子美食"，跟阿伏加德罗提出的"分子说"有什么关系呢?

在以往，科学是科学，料理是料理，科学和料理在人们的认知中是两个距离遥远的领域。但严格讲起来，制作食物的过程就是一连串的物理化学反应。法国的物理化学家埃尔维·蒂斯（Hervé This，1955—?）和匈牙利的物理学家尼古拉斯·柯蒂（Nicholas Kurti，1908—1998），在1988年共同创造了新名词——**分子与物理美食学**（Molecular gastronomy），试着从化学分子和物理学的角度去探讨美食背后的科学。后来，这个名词被简化为**"分子美食学"**，并成为食品科学的一个分支。

究竟什么是分子料理或分子美食?其实没有很严格的定义。但有一类分子料理，是通过特殊的物理或化学变化，打散食材的味道、外观，甚至分子的结构，然后重新"组合"成各种颠覆传统的菜肴，例如用番茄汁加上海藻酸钠做出很像蛋黄的"番茄晶球"，或是用啤酒、水果做成泡沫状的糕点等。

哇!分子料理看起来都很好吃!

3 这种看起来"很科学"的分子料理，到底好不好吃呢？

每个人对"好吃"的定义不同，所以很难直接断定分子料理是否美味。但有一类"分子食物"，是直接用柠檬酸、麦芽糖、淀粉、蛋白质、葡萄糖等可以食用的化学分子，重新组合、创造出新的食物，所以又被人们称为"人造美食"或"未来食物"。

可以确定的是，如果不是阿伏加德罗提出分子理论，现在我们大概就吃不到分子料理或分子美食，当然也不可能讨论它们究竟好不好吃了。

学好化学，你也能做出好吃的分子美食！

我看我还是负责吃就好了……

LIS影音频道 ▶

扫码回复
"化学第13课"
获取视频链接

【自然系列——化学／物质探索06】分子概念的出现——伤心酒吧的分子科学家

道尔顿的"原子说"成功解释了许多化学定律和实验结果。然而，这强悍的学说却有一个致命的弱点！最后，让曾被它赶出家门的阿伏加德罗用"分子说"给解决了！来看看这个跟"原子说"差一个字的"分子说"，藏有什么惊人的能耐吧！

/第 14 课/

打开有机化学之门

维勒

古代人类的生活很"天然"。天然是什么意思呢？就是人类的食物、医药或其他生活用品，大部分都是直接、间接来自大自然的动物或植物。那么，既然化学的进展已经来到了十九世纪，关于"生命体"的化学研究，又发展得怎么样呢？

答案是……不怎么样。

这可能要怪"生命"特别复杂吧！任何动物和植物都由极多种成分组成，人类想要厘清、分析、判断，必须要有足够精确的技术和仪器。所以，在分析技术尚不发达的十九世纪之前，跟生物体有关的化学，充其量都只是"医药学"的一小部分。

如果仔细去看十九世纪前的相关著作会发现，在"动物化学"方面，作者通常只会轻描淡写地提到动物血液、唾液、尿、胆汁、头发、角质、胶质等基本信息；"植物化学"也一样，顶多记录樟脑、糖、树脂等植物本身的特色，有点儿像中国著名药学家李时珍（1518—1593）的著作《本草纲目》，记载了药材的来源或药性。

这些动植物的化学成分是什么？具有什么特别的性质？基本是"零讨论"，被冠上"化学"之名，其实还是有点儿勉强。

这明明就是医书，不像化学书呀！

本草纲目

但以李时珍所在的十六世纪来看，这已经是很高明的"植物化学"研究了。

有机化学来报到

不过没关系，十九世纪来了，"有机化学"也来了！

打开课本我们知道，"有机"和"无机"的现代分类是：**有机化学**研究的是**含有"碳"和"氢"的化合物**；**无机化学**研究的则是**不含"碳"和"氢"的化合物**。对于这种分类方法，你是不是觉得哪里有点儿怪怪的？

其实最早的分类不是这样的。

怎么这么快又cue① 我？

电化二元论

贝采尼乌斯

二元论在前一章被提到是错误的，为何还一直cue贝采尼乌斯？

没办法，贝采尼乌斯是十九世纪最有影响力的化学家之一，才会一直有戏……

历史上，最早确切提出要把化学分成"有机化学"和"无机化学"的人，是上一课我们提到的，提出"电化二元论"的大化学家贝采尼乌斯。1806年，贝采尼乌斯公开提议，把"生物活动过程中所产生的化合物"称为"有机化合物"。因为当时人们发现，只要是从生物身上分离出来的物质，几乎都含有碳元素，所以都能燃烧。但是科学家们在实验室里无论运用什么方法，都无法模仿大自然制造出"有机化合物"来。例如，人类能从人尿或牛尿里"分离"出尿素，但却无法"制造"或"合成"尿素。

贝采尼乌斯认为，那是因为生物体才具有真正的"生命力"（或称为"活力"）。生命力虽然看不见、摸不着，但碳元素能够组合成各式各样的"有机物"，就是因为"生命力"。相反，化学家在实验室里使用的药品和器材都是没有生命的，不含"生命力"，当然制造不出"有机物"，只能合成"无机物"。

贝采尼乌斯的"生命力学说"（或称为"活力论""生机论"）试图解释人类迟迟无法制造有机物的现象。这给有机物质蒙上一层看不见、摸不着的神秘面纱，感觉化学研究好像走了回头路，重新走回炼金术的神秘时代。

好吧，没关系，反正走回头路也不是什么新鲜事，我们人类文明的发展从来都不是直线抵达，而是迂回前进，有时候冷不防还会踩个急刹车或来个大转弯。至于"生命力学说"到底对不对？接下来，就看何方神圣先找到"生命力"，或是证明"生命力"根本就不存在。

①cue：英文单词，主要有线索、暗示的意思。作为网络用语，"cue"的引申义为"被点名"。

氰酸战争里的小插曲

弗里德里希·维勒
1800—1882
德国化学家

1822年，在德国海德堡大学的维勒（Friedrich Wöhler），是一位专门研究无机化学"氰酸"的年轻学者。这时的他才二十二岁，是一个前途远大的优秀青年科学家，已经发表过好几篇关于研究氰酸组成成分的论文。就在维勒发表第三篇论文时，他的指导教授交待他："你去认识一下这位名叫李比希（Justus von Liebig）的学者，他最近发表的一篇论文，我想你会非常感兴趣。"

原来，二十岁的李比希也曾发表过一篇论文——《论雷酸汞的成分》。论文中介绍了他测定出的组成"雷酸"的元素，以及各种元素的比例。但重点是，雷酸跟维勒所研究的氰酸有什么相干？教授为何大惊小怪？原来，李比希研究出来的雷酸成分，跟维勒的氰酸几乎一模一样！

尤斯图斯·冯·李比希
1803—1873
德国化学家

"雷酸是一种极易爆炸的物质。但氰酸不会爆炸，而且有毒……两种物质差这么多，怎么可能会一样？"维勒研读了李比希的文章后，感到非常纳闷儿。

在当时，化学家只能测出物质里各元素的比例，还无法知道各种元素间是如何排列。为了解开心中的疑惑，年轻的维勒向当时最权威的化学家前辈——贝采尼乌斯提出疑问。

刚开始，贝采尼乌斯猜想："说不定只是他们其中一个人的实验过程出了问题。"但仔细探讨以后却发现，成分相同的不单单只有雷酸和氰酸，就连它们的盐类——"雷酸银"和"氰酸银"的组成元素和比例也一样！

大家一头雾水，完全无法解释两种截然不同的物质，怎么会有一模一样的成分呢？接下来，或许是工作忙碌、路程遥远，维勒和李比希虽然都在德国，但却始终没有见面，只通过论文和信件互相讨论与争辩。几年过去了，人们对这个问题还是迟迟没有答案。维勒能做的，只有更彻底地研究氰酸，看看能不能从其他方面找到破解谜团的线索。

1824年的某一天，埋头研究氰酸的维勒，打算用"氰酸"加上"氨水"来制造"氰酸铵"。一般来说，按照维勒以往的经验，只要把"氰酸"倒入"氨水"，然后让水分蒸干，氰酸铵的晶体就会慢慢出现。

可是今天的晶体却很奇怪……

"为什么蒸发皿中的结晶是无色针状的呢？这不是氰酸铵吧？我今天的实验有哪里做错了吗？"维勒有点儿不敢相信。

"用氢氧化钾检查一下好了。"维勒把氢氧化钾加入晶体中。

照理说，如果真的是氰酸铵，加入氢氧化钾再加热以后，就会产生氨气。可是，这个来路不明的晶体，却一点儿反应都没有。"到底是什么物质呢？"维勒挠破头也想不出来。

不过，前方还有太多研究等着他去进行，维勒不想改变计划，只好暂时把难题摆在一边，没有马上追究问题的答案。

直到四年以后，维勒再一次"不小心"地制造出这种怪异的晶体，这回他可没有轻易放过，他仔仔细细、彻头彻尾地研究一番以后，有了惊天动地的大发现——这个结晶原来根本不是氰酸铵！

"它……它竟然是'**尿素**'！"维勒大感惊奇。

尿素有什么好惊奇的呢？早在半个世纪以前，法国科学家罗埃尔（Hilaire Marin Rouelle，1718—1779）就从人的尿液中发现了尿素。但是维勒的实验不一样，他的意外发现，直接挑战了当时最权威的化学家——贝采尼乌斯的理论。

在实验室里成功合成尿素的维勒，马上写信给贝采尼乌斯，报告自己的重大发现。他在信中说道："老师，您曾说，在有机物的领域中，元素之间存在着特殊的规律。有机物与无机物不同，有机物是生命过程中的产物，它们受到奇妙的'生命力'作用才会产生。可是'生命力'到底是什么呢？"

以往，尿素都是从人或动物的尿液中分离出来的。按照贝采尼乌斯的生命力假说理论，尿素需要有生命力才能制造出来，在实验室里用没有生命力的药品是不可能制造出来的。但是，为了反驳维勒，他辩解道："尿素只是动物的排泄物，严格来说不算是有机物，只是介于'有机'与'无机'之间的模糊地带的模糊物质。"

贝采尼乌斯不想放弃自己的"生命力学说"，还在回信中挖苦维勒：

你如果可以在实验室里合成有机物，那可不可以造出一个小孩儿来看看？

贝采尼乌斯

这……太难了吧！

维勒

就这样，维勒的发现被老师打击了。但是，真正的真理是经得起时间的考验的。在维勒合成尿素的十七年后，也就是1845年，人类成功合成"醋酸"。接着，"酒石酸""柠檬酸"等许多有机物都陆续被科学家们合成出来。1854年，人类还成功地用甘油与脂肪酸直接合成了动物身上的油脂。这下，"生命力学说"不得不彻底宣告失败。

虽然贝采尼乌斯生前仍旧坚持认为自己的"生命力学说"是对的。但是，他在写给维勒的信件中，衷心地赞赏了维勒辉煌的研究成果：

"谁在合成尿素的工作中奠下基石，谁就有机会登上巅峰。的确，博士先生（指维勒），你正向永垂不朽的声誉迈进。"

贝采尼乌斯的这番话确实很正确。维勒作为世界上第一个人工合成尿素、打破"生命力学说"的科学家，在人类化学史上，留下了永垂不朽的声誉。

两大科学家你来我往的交锋

说到这儿，大家可别以为贝采尼乌斯提出了错误的"电化二元论"和"生命力学说"，觉得他是个失败的化学家。事实上，贝采尼乌斯在他那个年代还有很多重量级的研究成果，例如他发现了新元素，成功测定了大部分元素的相对原子质量，还提出许多新的化学名词。其中**"同分异构体"**这个名词跟维勒有关，我们接着就来讲讲。

终于有人
为我说话了！

贝采尼乌斯

刚刚不是提到，维勒和李比希一直通过论文和信件在争论氰酸与雷酸的事吗？同样就在1828年，维勒发现尿素之后，回到家乡度假。在他回去拜访过去的恩师时，竟然和李比希不期而遇！当他知道眼前这位仁兄，就是争吵多年却从未谋面的"笔友"时，马上展开了关于氰酸与雷酸的激烈交锋，但吵了半天仍然没有结果，最后的答案还是"双方都没错"。他们怎么都想不通："为什么两种物质会有一模一样的组成元素呢？"

你的实验会
不会做错了？

才没有呢！
错的是你……

维勒　　　李比希

好想跳进他们
的时代劝架！

直到1830年，这个问题才终于迎来结果。那年，贝采尼乌斯提出一个相当新颖的概念——**同分异构体**，顾名思义就是同样的成分但具有"异"样结构的化合物。简单地讲，就是**"组成元素相同，但排列顺序不同"**的化合物！这个概念不就是维勒的氰酸与李比希的雷酸所需要的答案吗？！原来，组成的成分一样，但是排列顺序不一样，可以形成不同的化合物呀！贝采尼乌斯就像裁判一样，判决了李比希与维勒的争端，这项发现也使化学研究又往前跨出了好大一步。

现在知道我的厉害了吧！

当然，我们不会忘记您的贡献的！

贝采尼乌斯

有趣的是，俗话说"不打不相识"。维勒与李比希吵来吵去，早就吵出了深厚的友谊。他们两个人因为长期的交流，逐渐建立了互信的伙伴关系，也影响了彼此的研究方向。如果没有这次相遇，这对化学史上的"有机搭档"，可能就不会出现，而有机化学这门学问的发展，可能还要往后推迟一段很长很长的时间呢！

快问快答

1 是不是所有含有碳元素的化合物都是有机物呢？会有例外吗？

"含有碳的化合物都是有机物"和"有机化合物都含有碳"，这两句话看起来很像，但意思其实不太一样。

事实上，**"有机化合物都含有碳"**比较正确，"含有碳的化合物都是有机物"是不正确的。因为一氧化碳、二氧化碳、碳的氧化物和碳酸盐类物质都含有碳元素，但它们是无机化合物，不是有机化合物。

2 维勒的氰酸与李比希的雷酸是"同分异构体"，同分异构体是什么？可以用更简单的方法解释给我听吗？

那用"积木"来解释好了。如果你用一组积木拼出一辆车，然后拆掉这辆车，再用这一组积木拼出一只小狗，这辆车和这只小狗的关系就类似"同分异构体"，因为构成它们的积木一样，只是排列的方式不一样。

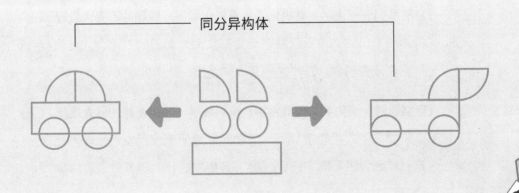

同分异构体

3 蔬菜的成分中，像是纤维素〔$(C_6H_{10}O_5)_n$〕、糖类〔$C_m(H_2O)_n$〕等，都是"有机化合物"。这是市面上很多蔬菜都被强调为"有机蔬菜"的原因吗？

有机蔬菜的"有机"是在强调它的来源，指的是以天然的、无化学污染或是人工合成的方式种植出来的蔬菜，而不是在说它的成分是不是"有机化合物"。这个"有机"跟那个"有机"字面上虽然一样，但含义却有所不同。

原来有机蔬菜的"有机"，不是"有机化合物"的意思。

管它有机还是无机，只要是青菜，嘿嘿，我都不怎么爱吃……

LIS影音频道

扫码回复"化学第14课"获取视频链接

【自然系列——化学／有机化学】有机化学——维勒的跨界大发现（上）

有机物和无机物，差别只在于有没有生命力而已吗？那么，如果维勒可以用无机物合成有机物，是不是也可以"合出一个人"呢？

【自然系列——化学／有机化学】有机化学——维勒的跨界大发现（下）

在贝采尼乌斯的用心指导下，维勒的氰酸研究成果发表会顺利结束了。李比希建议维勒尝试不同的研究，接下来会发生什么破天荒的剧情呢？

/ 第 15 课 /

寻找化学反应平衡

古德贝格和瓦格

不同的物质产生化学反应时，会出现冒泡、变色、发光、发热、凝固等各种让人眼花缭乱的现象，就像是变魔术一样，十分神奇。

这些化学反应为什么会发生？在发生的过程中，又产生了什么内部变化？如果只用眼睛观察，很难得到明确的答案，像炼金术士观察了好几千年，最后还是被讲求实证的科学淘汰了。

做实验不能只用眼睛看，要详实地记录各项数据和变化……

化学真的有亲和力吗？

不过，就算理论有可能被淘汰，科学家还是会前仆后继、持续不断地提出新的观点。这是因为对于眼前的现象，人类需要一个解释，才有办法说服自己在地球上安身立命。这是人类与其他动物的不同之处，也是人类之所以会发展出科学，而猫不会、狗不会，大象、猩猩也不会的原因。

过去，化学家们认为不同物质会发生化学反应，是因为彼此具有**"化学亲和力"**。简单地说，"化学亲和力"就是物质间的"吸引力"，而不同的物质之间有

物质A

真抱歉，我跟你之间没有化学亲和力。

物质B　物质C

不同的吸引程度，就像你很喜欢隔壁班的小美，但是却讨厌自己班上的阿花那样，物质也会有喜欢或不喜欢跟谁结合的情况。

有些情侣会一见钟情，火速热恋，但没多久就草草分手；有些情侣却比较慢热，花了很久时间才在一起，步入礼堂后相守一辈子。这两种状况，你觉得哪一种情侣之间的"吸引力"更强呢？是比较快就在一起的，还是花很久时间才在一起的？更何况还有些人是"落花有意，流水无情"，一边儿有吸引力，一边儿却很排斥，那又怎么算？

"化学亲和力"的问题也是这样，只用"亲和力"来解释物质喜欢或不喜欢结合，实在太笼统了。亲和力强代表的是"反应速度快"还是"反应程度大"？这一名词一直含糊不清，没有明确定义。所以，当化学发展慢慢成熟以后，有些科学家就开始试着去厘清，到底是哪些条件在影响化学反应？除了我们看到的现象外，化学反应还隐藏着什么细微的秘密？

耶！
又轮到我们出场了！

贝托莱　拿破仑

来拍个纪念自拍照吧！

揭开化学反应秘密的第一步

真要说揭开化学反应秘密的第一人，其实就是我们上册第8课介绍的化学家——贝托莱（Claude Louis Berthollet，1748—1822）。各位还记得贝托莱跟着拿破仑的大军在埃及发现了什么吗？

让我们复习一下。贝托莱在盐湖边发现了"苏打+氯化钙 $\rightleftharpoons$ 石灰石+盐"的"**可逆反应**"（请见上册第8课）。可逆反应的出现，让原本以为化学反应只要一发生就不可逆的科学家们开始了解到——原来**化学反应**是可以"**逆转**"的。

除此之外，贝托莱还进一步发现，会不会出现可逆反应与物质的"**浓度**"有关（此处的"浓度"在当时称为"化学质量"或"有效质量"，但为了避免造成混乱，以下我们还是用"浓度"表示）。

这可是一个很大的突破哟！因为贝托莱的这项发现，把化学反应的原因，从"化学亲和力"这个听起来含糊不清的名词，转移到另一个可以测量又能实际操作的明确指标——浓度。从此，科学家们知道，原来要让化学反应发生，必须考虑"浓度"问题。也因为这项发现，科学界开始去注意还有哪些因素会影响化学反应。

贝托莱开的这一"枪"，对化学发展产生了很重要的影响。

接力寻找化学平衡

不过，就像我们第8课提到的，贝托莱的发现可能太前卫了，所以在当时并没有受到太多的重视。在他发表研究成果的五十年后，有机化学反应的研究开始增加。由于很多有机反应都是可逆的，所以越来越多的可逆反应被科学家们注意到。

首先是在1850年，德国化学家威廉米（Ludwig Ferdinand Wilhelmy，1812—1864）在研究蔗糖水解反应时，发现**反应速率会受到温度、浓度和酸碱度的影响。**

他的实验几乎是认同了贝托莱的理论——**浓度会影响反应速率。**而且，他还用数学式把实验的结果表达了出来，只可惜他的发现也跟贝托莱的发现一样无人理会。

在很多时候，科学的新发现要被大家注意到或接受，需要机缘和时间。如果说贝托莱是化学反应研究的第一棒，威廉米是第二棒，那么这场接力赛要到第几棒，才会开花结果，受到大众的重视呢？

你跟我一样惨，都没有人理会我们的发现！

贝托莱

威廉米

数学、化学
"双侠"列传

瓦格
1833—1900
挪威化学家

古德贝格
1836—1902
挪威数学家

　　许多学生学化学，最头痛的莫过于需要运用数学来计算浓度与化学平衡等，如果数学不太灵光，就会影响到这部分知识的学习。数学到底是什么时候加入化学领域的呢？事实上，在十九世纪之前，化学里运用到的计算都非常简单。

　　还记得吗？化学是从拉瓦锡的时代，才开始注重测量和定量的。在拉瓦锡之前，科学家们连测量都没做过，所以根本没有什么东西好计算的。当拉瓦锡开始提倡定量实验之后，才出现所谓的**"化学计量学"**。

起初，化学家只用到了简单的数学比例，至于较深入的数学概念，他们大多不熟悉，也不会用。不少化学家甚至这样认为——数学是数学，化学是化学，化学已经够复杂了，如果还要用数学去考虑化学，可能使问题更模糊，所以最好不要使用，更不要依赖数学。

不过，少了数学公式描述的化学，称得上是"真正的科学"吗？有人认为称不上，因为如果缺少了数学公式的表达，化学就无法像物理那样，成为一门精确、漂亮而又简单明了的科学。

还好，在十九世纪中期以后，这种局面被打破了。化学家们开始注意到化学平衡反应中的浓度、温度、速率彼此间都具有数学关系。甚至有数学家也开始加入化学研究的行列，使化学添上数学的翅膀，飞得更高、看得更远。

其中，远在挪威的一对科学家——古德贝格（Cato Maximilian Guldberg）

和瓦格（Pete Waage），就是一对"数学＋化学"的最佳拍档。

古德贝格和瓦格在大学时期是朋友，他们一起上课、一起竞争，还共同创立一个讨论"物理化学"的小型俱乐部，感情非常深厚！后来，古德贝格还把自己妻子的妹妹介绍给瓦格。所以，他们不只是朋友、工作搭档，最后还变成亲戚了呢！

咳咳，话题扯远了。话说，他们两个人感兴趣的"物理化学"，是利用物理定律来解释化学反应如何形成各种化合物的一门学问。当时有些科学家认为，**物理化学**可能可以解开**"化学亲和力""化学反应方向"**与**"化学反应速率"**等问题。

年轻的古德贝格与瓦格对这个领域很感兴趣。所以，当他们读到法国科学家贝特罗（Pieltte Engene Marceiin Berthelot）和助手一起进行的"酯化实验"时，目光立刻被吸引。

> 我发现酯化反应的正反应和逆反应，最后会达到平衡状态！

皮埃尔·欧仁·马赛兰·
贝特罗
1827—1907
法国化学家

所谓的"酯化反应"是指：将"酸"加上"醇"，会生成"酯"加上"水"的有机反应。贝特罗发现这个反应不管是从左边或右边开始进行，到最后，反应物或生成物的浓度，竟然会维持同一个固定比例！

$$醋酸＋乙醇 \rightleftharpoons 乙酸乙酯＋水$$

> 酯化反应的正、逆反应平衡状态是持续发生的，不会因为看起来好像反应平衡就停止了哟！

58

贝特罗所发现的酯化反应动态平衡现象，让古德贝格和瓦格的眼睛为之一亮。这对拍档决定一起合作，同时导入数学与化学的专业知识，来解开反应物和生成物在可逆反应中的微妙秘密。他们两个在受到贝特罗启发后的短短一年内，就合力做了三百组相关实验。

他们发现，在每个**可逆反应**的过程中，总有**两个方向相反的力**同时作用：**一个力推动反应物合成生成物，另一个力则帮助生成物还原成原来的反应物。**当这两个力相等时，化学反应便处于平衡状态。但是平衡状态并不是"静止不动"的，而是正反应和逆反应同时在进行，只是因为速率相等，所以彼此的效果互相抵消，才会让反应看起来好像停止了。

因此，他们归纳出两个重要结论：

1.浓度会影响反应速率，且反应速率与反应物浓度的乘积成正比。

2.质量相同时，水越多（即浓度越低），反应作用力越弱（也就是反应越慢）。

他们还整理出一个数学关系式：

$$\text{反应的作用力（或反应速率）} = K \times [A] \times [B]$$

其中K代表亲和力系数，$[A]$是反应物A的浓度，$[B]$是反应物B的浓度，这就是初期的**"质量作用定律"**。根据这个定律，可以确定化学反应中各反应物和生成物的浓度之间的关系。这个定律的出现，在化学平衡的研究中具有非常重要的意义。

启发"化学动力学"

1864年，古德贝格和瓦格向挪威科学院提出他们的报告，但是，就像第一棒贝托莱、第二棒威廉米、第三棒贝特罗一样，他们的研究并没有得到太多回响。

直到1877年，德国物理化学家奥斯特瓦尔德（Friedrich Wilhelm Ostwald，1853－1932）成功应用这个定律解释自己的实验后，科学界才开始重视这一定律。古德贝格和瓦格提出来的这个算式，后来慢慢发展成一门称为**"化学动力学"**的学问。

"化学动力学"是"物理化学"的一个分支，集合了物理、化学与数学的概念，专门研究化学反应的速率与反应的机理。看来，数学家古德贝格与化学家瓦格的"双剑合璧"，真的是效果超群！

我们先前不是说，科学早期是不分家的吗？或许"分久必合，合久必分"这句话，也能用在科学研究上。进入十九世纪之后，物理学家、化学家和数学家开始关心彼此的研究发展，合作的机会也渐渐增加。之后，我们还会看到物理化学、化学物理、数学物理、化学数学、生物数学等各种交叉学科的出现，这代表科学又进步到一个新的阶段。

当化学家也开始用物理和数学的方法研究物质时，化学的进展就将有突破性的飞跃，接下来的新世界，我们很快就能看到了！

快问快答

1 除了"浓度"会影响化学反应的速率，还有没有其他因素会影响反应速率呢？

当然有啦！像**温度就会影响反应速率**，例如把食物放进冰箱里，因为温度降低，食物变质的速度会变慢；用温水洗衣服，则能加快清洁剂对衣服污渍溶解的速度。另外，**物质的表面积**也会影响反应速率，例如把冰糖敲碎加入水中，溶解速度会比一大块的冰糖直接放进水中的速度快；烤肉时，把块状的肉块切成薄片也会熟得较快。

另外，有没有**"催化剂"**也会大大地影响反应速率。催化剂能改变化学反应速率，但其本身的质量和化学性质在反应前后都不会发生变化。比方说，我们的唾液中含有**"淀粉酶"**，如果让唾液充分和米饭均匀混合，就能快速地把饭中的淀粉分解成葡萄糖，我们就能尝到甜甜的滋味。

2 以前的化学家认为，物质会结合是因为有"化学亲和力"。如果不是"化学亲和力"，那是什么使化学物质结合在一起呢？

其实，物质间具有"亲和力"这个观点，至少在十三世纪就已经出现了，只是当时受限于实验技术以及人们对原子内部的不了解，人们对这一理论研究一直停留在非常模糊又笼统不清的状态。

现在，我们已经知道使原子或分子结合的是**"化学键"**。而化学键的形成，基本上来自不同粒子之间的**"电磁力"**，也就是正电荷与负电荷之间的吸引力。

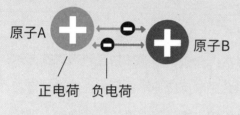

正电荷和负电荷会互相吸引。

正电荷　负电荷

化学键

最后就会产生一个化学键。

LIS影音频道 ▶

扫码回复
"化学第15课"
获取视频链接

【自然系列——化学／化学反应02】化学平衡——化学反应的神奇比例（上）

1798年后，一位法国科学家在进行酯化反应时发现，无论怎么反应，反应物和生成物的比例都是固定的。这个发现多年后引起了古德贝格和瓦格的注意……

【自然系列——化学／化学反应02】化学平衡——化学反应的神奇比例（下）

古德贝格和瓦格反复验证，想知道所有可逆反应在温度不变的情况下，原料和产物最终是否都会呈现特殊的比例……

/第 16 课/

了不起的元素周期表

门捷列夫

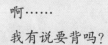

话说，光阴的巨轮转啊转，已经到了十九世纪。在戴维发现电解方法的加持之下，人们找到的化学元素，已经从十八世纪拉瓦锡提出的三十几种（其中还有些假元素呢，如下表），在五十年内快速地翻上一倍，累积到了六十几种。

这是个元素大发现的时代，化学界上上下下充满着希望与干劲，除了像寻宝一样继续寻找新的元素之外，还有更多人想在已经找到的元素间整理出共同的规则与规律。

人类就是有这种天性——喜欢观察眼前的事物，整理、分析，然后归纳出其中的逻辑，再加以分门别类。这是人类发展出来的科学方法，也是人们习惯且喜欢的生活方式，要不然生物学就不会有"界、门、纲、目、科、属、种"等分类，学校也不会有社会、人文、历史、自然、地理等学科划分了。

电解真是太有趣了！

戴维

就是这家伙让元素越找越多……

发现元素的特性

言归正传。既然现在发现了六十几种元素，许多科学家就热切地检测各种元素的性质，希望能发现隐藏的秘密，好把它们分门别类，甚至按照顺序排好队，做成一张简明的图表！

历史上的第一张化学元素表

拉瓦锡曾把元素分成四大类。注意看：有些元素现在看来根本就不是元素，而是化合物！只是当时的技术还无法将它们分解，才被误以为是元素。由于这种分类方式太过粗浅，后人很希望找到更准确的分类方法。

气体元素	（光）、（热）、氧、氢、氮
非金属元素	（生石灰）、（苦土）、（重土）、（矾土）、（硅土）
金属元素	锑、银、砷、铋、钴、铜、锡、铁、锰、汞、钼、镍、金、铂、铅、鎇①、锌
土质元素	硫、磷、碳、（盐酸根）、（氟酸根）、（硼酸根）

①鎇：错认的第43号化学元素。1925年，德国化学工作者诺达克宣布其发现了第43号元素，将此元素命名为"鎇"。而真正的第43号化学元素应为"锝"。

是我率先找到
"三元素组"的哟！

约翰·德贝莱纳
1780—1849
德国科学家

后人把这个发现叫作"三兄弟元素组"！

渐渐地，有些科学家发现有些元素的确拥有类似的性质。德国科学家约翰·沃尔夫冈·德贝莱纳（Johann Wolfgang Döbereiner）就发现了每三个为一组的化学元素所组成的"三元素组"，如下图所示：

锂
钠 钾

铁
镍 钴

氯 溴
碘

硫
碲
硒

钙
锶
钡

三元素组

三元素组同一组的三个成员间，常拥有一些共同的特性，例如锂、钠、钾这组都是软而活泼的金属；氯、溴、碘这组都很容易形成盐类。不只如此，德贝莱纳还有一个重大发现，那就是：当每一个小组中的三个元素按照相对原子质量大小排列时，把相对原子质量最重的加最轻的除以二，几乎都会等于中间那一个元素的相对原子质量。例如，锂的相对原子质量是6.94，钾的相对原子质量是39.10，两个相对原子质量相加除以二，就是钠的相对原子质量22.99。

当时的人们当然还看不见正确的答案在哪里，但是，科学就是这样，既然有人开了头，其他科学家就会朝着这个方向，继续地、努力地、用力地挖掘下去。德国的化学家利奥波德·格麦林（Leopold Gmelin）和英国的约翰·亚历山大·雷纳·纽兰兹（John Alexander Reina Newlands）等科学家，都受到三元素组这一发现的启发，挖掘出了更多、更大的真理碎片。

利奥波德·格麦林
1788—1853
德国化学家

约翰·亚历山大·雷纳·纽兰兹
1837—1898
英国科学家

"八音律"！
又不是在唱歌，
太好笑了！

格麦林找到了十组三元素组、三组四元素组，还有一组五元素组。

纽兰兹发现，把元素根据相对原子质量排列后，每隔七个元素就会出现类似的性质，就像音乐的音阶，这一性质被称为"元素八音律"。

只不过，这些发现是零零碎碎的，没有人能总结出一套包含所有元素的系统理论。这就像每个人都各自努力，却只拼出拼图的一个角落，但是整幅拼图到底长什么样子呢？没有人说得出来。

后来，可以拼出完整拼图的人终于出现了，他就是俄国的化学家——德米特里·门捷列夫（Dmitri Ivanovich Mendeleev）。

灯影下的卡牌游戏

德米特里·门捷列夫
1834—1907
俄国化学家

　　杂乱的书桌前，油灯的光线在黑暗中映出男子的轮廓，杂乱的长发与胡须的光影恣意交错。男子的五官陷入双掌之中，他已经三天没有合眼了。

　　因为他深深相信，眼前桌上散落的元素纸牌隐藏着解开一切的关键，他不断地排列、重整、重整、排列……排着排着竟然就这样睡着了。他就是门捷列夫，一个始终相信元素之间有规律性，并成功制作出原始版元素周期表的人。

可恶，究竟要怎么排，才能找出元素之间的规律呢？

1869年2月17日，门捷列夫已经思考了三天三夜，不，或许更正确地说，他为了解开元素之间的规律密码，已经花了漫长的二十年光阴。他把每个元素制成一张卡片，再将所有卡片排在桌上，试图找到其中的规律，但合适的排列组合迟迟没有出现。第二天早上，门捷列夫看到一张寄来的邮件，脑海突然灵光乍现：

"在我的脑海中出现一张表，各个元素都照着定位排好。当它们清楚地出现时，我立刻记录下来。"

他随手拿起笔，在邮件的空白处振笔疾书。

他画出他所知道的三元素组，从左到右按照相对原子质量大小排序，再由上而下把相对原子质量低的原子放上面、相对原子质量高的原子放下面，这让门捷列夫进一步联想到以卡牌的形式排列元素——如果每个相似的元素组都属于一种花色，然后把相对原子质量当成卡牌上的点数，六十三个元素就可以排出一个大概的图表。这个图表中有七组相似组，每一组内可根据相对原子质量大小排列，呈现一个看起来有点儿奇怪的表格，这个用化学纸牌排出来的奇怪表格，就是现在我们熟知的化学元素周期表的前身。

ОПЫТЪ СИСТЕМЫ ЭЛЕМЕНТОВЪ.

ОСНОВАННОЙ НА ИХЪ АТОМНОМЪ ВѢСѢ И ХИМИЧЕСКОМЪ СХОДСТВѢ.

```
                        Ti = 50    Zr = 90    ? = 180.
                        V = 51     Nb = 94    Ta = 182.
                        Cr = 52    Mo = 96    W = 186.
                        Mn = 55    Rh = 104,4 Pt = 197,4.
                        Fe = 56    Rn = 104,4 Ir = 198.
                     Ni — Co = 59  Pl = 106,6 O· = 199.
     H = 1                         Cu = 63,4  Ag = 108   Hg = 200.
           Be = 9,4 Mg = 24        Zn = 65,2  Cd = 112
           B = 11   Al = 27,4      ? = 68     Ur = 116   Au = 197?
           C = 12   Si = 28        ? = 70     Sn = 118
           N = 14   P = 31         As = 75    Sb = 122   Bi = 210?
           O = 16   S = 32         Se = 79,4  Te = 128?
           F = 19   Cl = 35,6      Br = 80    I = 127
     Li = 7 Na = 23                K = 39     Rb = 85,4  Cs = 133   Tl = 204.
                    Ca = 40        Sr = 87,6  Ba = 137   Pb = 207.
                    ? = 45         Ce = 92
                  ?Er = 56         La = 94
                  ?Yt = 60         Di = 95
                  ?In = 75,6       Th = 118?
```

Д. Менделѣевъ

图为1869年门捷列夫最早提出、以俄文写成的元素周期表。这个表以"周期为行、族为列"，跟现代元素周期表刚好相反。

门捷列夫写出元素周期表的那个刹那，没有轰轰烈烈的情节，只有灵光乍现的神奇瞬间。

元素周期表中的问号

可惜的是，门捷列夫提出这份伟大的元素周期表后，并没有受到太多的关注。为什么呢？可能是因为这份最原始的元素周期表看起来"不太对劲"。

原来，门捷列夫的元素周期表大致上是依照"相对原子质量"排列的，但是其中却有几个元素例外，不是按相对原子质量排列的，而是按"元素性质"排列的，例如钍（Th）的相对原子质量是232，按理应该分在第四周期，却被放在第三周期的底部。门捷列夫认为，这些例外元素的相对原子质量可能是测量错了，所以不完全按照相对原子质量排序，更能符合元素之间性质的关系。

可是，当时的科学家既不想"认错"，也不喜欢"例外"。他们会认为："除非有明确的证明，不然怎么知道是我错呢？"又或是："说不定等你找对了元素的规律，就不会有'例外'元素了！"

这些争议一直持续到1875年……

在门捷列夫的时代，人们只找到了六十几种元素。所以，当门捷列夫排列元素周期表时，如果找不到符合的元素时，他就把它空出来，打上问号，那就是下一页表中那三个被打上问号——**相对原子质量为45、68、70**的元素。换句话说，他预测了三个未知元素的存在，如果未来能找到这三个未知的元素，那就代表他的元素排列方法是正确的。

成功预测新元素

门捷列夫认为，在铝（Al）和铟（In）之间，还缺少一种相对原子质量为68的元素，他将它命名为**"类铝"**，甚至预测出它会有什么性质。

到了1875年，法国科学家布瓦伯德朗（Paul Émile Lecoq de Boisbaudran，1838—1912）在矿场中的矿物采样中发现了新元素，取名为镓（Ga）。镓的相对原子质量经测量为69，接近门捷列夫预测的"类铝元素"。镓的多数性质与数据都符合门捷列夫的预测，唯独比重比预测的5.9低了一些，只有4.7。

对此，门捷列夫特别寄信给布瓦伯德朗，请他以更科学、更严谨的方式测量镓的真实比重。（科学家敢这么狂的应该只有门捷列夫了吧！）门捷列夫可不是空口说白话、为反对而反对，经过重新测量之后，镓的比重的确是5.9，与门捷列夫预测的完全相同！

哈哈哈！
才一百一十八个你就已经背不下来了！

别再扩充了！

用蓝圈圈起来的地方，就是门捷列夫预测的三个未知元素，后来都被陆续发现，分别是钪（Sc）、镓（Ga）、锗（Ge）三个元素。

不仅如此，随后几年，门捷列夫预测的另外两个未知元素也被找到了，这些元素的特性也符合他的预测。科学家们至此不得不肯定门捷列夫，也为他的元素周期表喝彩。

好了，这就是元素周期表的由来。之后，科学家陆续找到了九十四种自然元素，并在实验室里合成了二十四种人造元素，元素周期表越来越丰富，扩充到目前的一百一十八种元素，在未来，会不会变成一千一百八十种呢？说不定，要有心理准备哟！

快问快答

1 元素周期表这么复杂，需要把它们全背下来吗?

　　不需要，其实周期表的直"行"与横"列"，都代表着元素与元素之间特殊的规律，找到这些规律会比较容易记住它们。

2 哇，好厉害！那元素间的特别的规律到底是什么呢?

　　同一"纵列"的元素会有类似的化学特性，所以它们被归类到同一"族"元素，例如零族的"氦"(He)、"氖"(Ne)、"氩"(Ar)、"氪"(Kr)、"氙"(Xe)、"氡"(Rn)等元素都非常稳定，所以被统称为**"惰性气体"**。

　　同一"横行"的元素的相对原子质量会比较接近，这是因为我们现在所学的元素周期表是按照原子序数（质子数量）的大小排成列，周期表的第一行就叫作"第一周期"，以此类推。

原子序数: —————— 1　　1.01

原子中质子的数目

H

氢

元素符号: 元素名称的缩写

名称: 化学元素的中文译名

3 听起来元素周期表好像变简单了，但我还是觉得上面的元素超级多啊！

　　别担心，现在的元素周期表主要分成具有"规律性"的第ⅠA~ⅦA族（主族）、零族和比较不具有规律性的第ⅠB~ⅦB族（副族）、Ⅷ族，通常需要记住的是**第ⅠA~ⅦA族（主族）、零族的元素**。

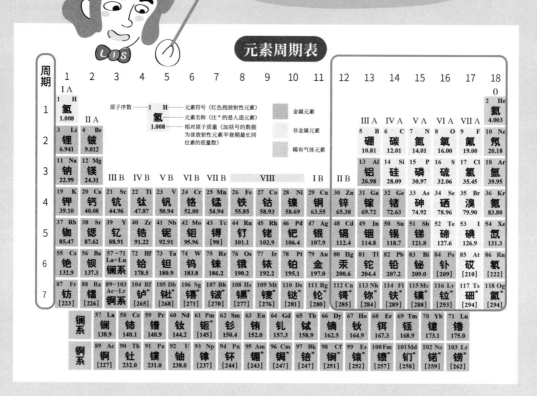

圈起来的地方，分别是第ⅠA～ⅦA族(主族)、零族的元素，它们都具有规律性，是需要被记住的元素哟！

LIS影音频道

扫码回复"化学第16课"获取视频链接

【自然系列——化学／物质探索07】周期表的出现——决斗吧！元素王（上）

十九世纪的俄国出了一位科学家——门捷列夫。某天，妈妈临死前给了他一盒宝物，里面竟然藏着元素间的秘密……

【自然系列——化学／物质探索07】周期表的出现——决斗吧！元素王（下）

门捷列夫参加了卡尔斯鲁厄国际化学会议后，寻觅出一些有关卡牌的蛛丝马迹，在卡牌精灵的协助下，他究竟是如何利用这些卡牌排出了影响后世的元素周期表呢？

/ 第 17 课 /

"电离说"（上）：原子不可再分割吗？

阿伦尼乌斯

波义耳

始这一课之前，让我们先回顾、整理一下前几个世纪化学快速发展的历程。

先是十七世纪。在"化学之父"波义耳出版了《怀疑的化学家》后，化学科学迅速萌芽。还记得吗？许多科学家尝试拿掉宗教与神秘主义的色彩，用"科学实证"的方法，而非神的概念去解释世界。这个转变使得现代的化学研究方法开始成型——**运用实际的实验结果来推论假说**（请见上册第3课），而不是像过去只会做"符合假说"的实验。

我们两个奠定了化学研究的基础哟！

拉瓦锡

十八世纪，掀起化学革命的拉瓦锡的巨作——《化学基本论述》的问世，冲击了全欧洲的科学思维。其中，注重测量的"定量实验法"，以及帮紊乱的化学名称梳理脉络的《化学命名法》等内容，归纳出大量有逻辑、条理清晰的规则，提供不同国家科学家间共通的科学语言，也让科学交流变得更加顺利，更能跨国、跨界地讨论与传播（请见上册第6、7课）。

科学进展突飞猛进的十九世纪

在过去两百年的研究累积之下，十九世纪的科学进入大鸣大放、突飞猛进的时代。突飞猛进需要有两个基础，一个是"理论"，一个是"技术"。先说理论的部分——1803年，道尔顿提出了影响深远的"原子说"，用"微观"的、眼睛看不见的"原子"，去解释我们观察到的各种"宏观"现象，使得科学家们开始运用原子的观点，去思考更加微小与抽象的世界（请见本书第12课）。"原子不可再分割"的概念，几乎成为当时科学家们的最高指导原则。

在技术层面，1800年，伏特电池出现以后，化学家手上就像多了一把开山刀，披荆斩棘开发出了全新的化学领域。在此之前，分解物质的方法基本上只能靠"加热"，但是当时的加热技术较差，收集加热产物的方法也不成熟。而电解技术的出现，则克服了以上问题——只要有足够强大的电力，通电后阴、阳两极便会分别析出不同的元素，既高效又方便！所以，得益于电解技术的帮助，人类在五十年内发现了将近三十种新元素。

有了强大的理论，再加上全新技术，十九世纪的科学就像是从坐巴士改成搭飞机一样，发展非常迅速！各种崭新的理论不断出炉，而且还朝向越来越精细、越来越抽象的趋势发展。科学家的关注点也从原本肉眼看得到的物质，扩展到无法直接观察的原子。接下来，终于轮到我们这堂课的主角——电解溶液与离子登场。

老师你铺垫铺好久……

对呀，我也觉得讲得好累……

电解大师戴维的发现

简单先帮大家复习一下"电解"。首先，准备一节电池，然后将它的两极分别接上电极，再插进溶液里；接着，只要电池的电力够强，你就会看到溶液开始出现变化——可能是冒泡，可能是变色，可能是变酸，可能是析出意想不到的东西……总之，阴、阳两极会产生变化，这个过程就是"电解"。

原来如此！

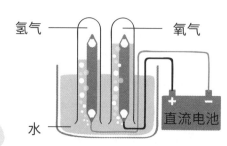

氢气 ———　　　　——— 氧气

水 ———

直流电池

就算是水，也可以被电解成氢气和氧气。

记得第11课我们介绍的电解高手戴维吗？他是十九世纪时将电解玩到最高境界的科学家。他电解了熔融态的氢氧化钾，找到新元素"钾"（K），还用相同方式电解氢氧化钠，找到"钠"（Na）。接下来，他陆续电解出钙（Ca）、锶（Sr）、钡（Ba）、镁（Mg）、硼（B）、硅（Si）……说他是当代的"元素王"也不为过。

不过，在利用电解发现元素的过程中，戴维却发现酸不一定含有"氧"，这违反了他自己的偶像——大化学家拉瓦锡的理论。事实证明，戴维的实验结果才是真实的，"氧"并非酸的必要成分，"氢"才是。

超级厉害的电学大师法拉第

戴维除了推翻拉瓦锡的酸碱定义之外，还有另外一个贡献，那就是收了电磁学大师——法拉第（Michael Faraday）做徒弟。

法拉第在被戴维发掘之前，只是一个小学毕业的钉书匠。但是他对科学充满兴趣，多次去聆听戴维的演讲，还把听讲笔记寄给戴维。戴维十分感动，让这个对科学充满热情的孩子到实验室工作与学习。

后来，法拉第青出于蓝，慢慢成为著名的科学家，包括**"电解""阴极""阳极"**，以及**"电解质""离子"**等电解理论中最核心的关键名词，都是他定义的。

当时，电学大师法拉第认为：电

戴维

我这辈子最重要的科学发现，就是发掘了法拉第。

谢谢老师栽培！

迈克尔·法拉第
1791—1867
英国物理学家、化学家

Chap.
17

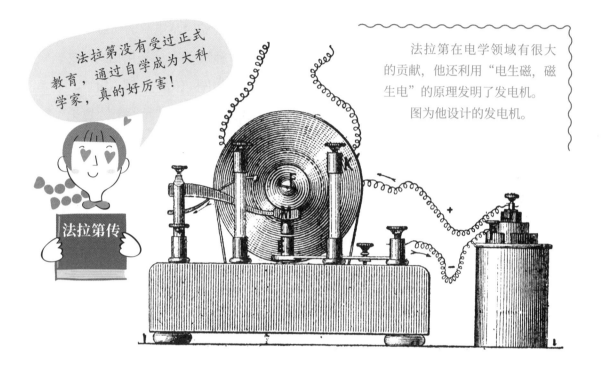

法拉第没有受过正式教育，通过自学成为大科学家，真的好厉害！

法拉第传

法拉第在电学领域有很大的贡献，他还利用"电生磁，磁生电"的原理发明了发电机。图为他设计的发电机。

解时阴、阳两极会出现新物质，是因为在通电过程中，溶在水中的"分子"会被不同电极撕开，变成一团带"正电"的离子团和一团带"负电"的离子团。接着，因为"异性相吸"的原理，带"正电"的离子团会游向"阴极"，带"负电"的离子团会游向"阳极"，所以我们才会分别在阴极、阳极收集到两种不同的物质。

这个理论听起来非常漂亮，一般人也很容易理解，所以在很长一段时间里广受欢迎，成为人们理解"电解"与"离子"的主流想法。

但是，再怎么漂亮的理论还是必须通过时间的考验。在法拉第的电解理论发表五十年后，瑞典科学家阿伦尼乌斯（Svante August Arrhenius），用巧妙的实验设计，发现了它的重大瑕疵。

法拉第这么厉害的理论居然也会被找到瑕疵？！

恐怖的论文答辩会

斯万特·阿伦尼乌斯
1859—1927
瑞典科学家

1859年，阿伦尼乌斯生于瑞典，他从小精明聪慧，文学、数学、物理样样难不倒他。十七岁考上父亲的母校乌萨拉大学，两年后快速毕业，开始攻读物理博士学位。一开始，阿伦尼乌斯的研究领域是光谱，不过他意识到，如果要精通物理，他就必须接触更多相关的化学与数学知识，于是他选择当时与物理与化学都有重叠的电学领域。其中，他最感兴趣的就是当时著名的瑞典科学家克莱夫（Per Teodor Cleve，1840—1905）所研究的"电化学"课题，但由于学校本身条件不够好，所以，阿伦尼乌斯投到斯德哥尔摩大学知名的埃德伦德（Erik Edlund，1819—1888）教授门下，以便完成自己的博士论文。

由于阿伦尼乌斯拥有非常优秀的实验能力，埃德伦德教授很赏识他。除了平常的研究以外，阿伦尼乌斯在闲暇之余也从事很多独立研究。

在这些反复进行的电化学实验中，阿伦尼乌斯发现了一些奇特现象……

"怪了！"他在稀释溶液的过程中发现——**溶液的导电性竟然变大了！**

他觉得很纳闷，这跟电学大师法拉第主张的"分子在通电时被分离成正、负离子团"的观点发生了冲突。如果通电就能把分子"电"成离子的话，浓度越浓的溶液，离子应该会越多，也越能导电才对！怎么他观察到的反而是——越稀的溶液越能导电呢？

"不只这样，如果水中的'分子'是在通电过程中被分裂成'离子'，那么电力越大，离子应该越多，溶液也应该变得越能导电……"阿伦尼乌斯忍不住怀疑：电力大小真的跟溶液的导电性有关吗？

这让阿伦尼乌斯好奇心大爆发，他开始设计一连串的实验，想解开"电力""离子浓度"与"溶液导电性"三者间的三角关系。

几个月后，他通过多次实验，获得了大量的实验数据。经过仔细整理、计算以后，阿伦尼乌斯发现，实验结果竟然都指向一个惊人的事实：

电解质溶液的导电性跟通入的电力没有太大关系。有些溶液甚至不用通电就能导电。换句话说，**离子不是因为通电造成的，反而是在通电前就已经存在了！**

电解理论比一比

后来，阿伦尼乌斯把这个发现写成了一份厚达一百五十页的博士论文——《电解质的导电性研究》，并在1883年回到乌萨拉大学，准备向他的口试委员，也就是前面提到的化学大师克莱夫教授报告。

法拉第理论	阿伦尼乌斯理论
电解质溶于水中会呈现分子状态，必须导入电力，才能使分子分裂成带正电和带负电的离子。	电解质溶于水中，有些呈现分子状态，有些则自动解离成离子状态，和有没有导入电力没有关系。

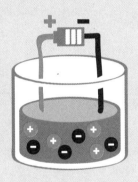

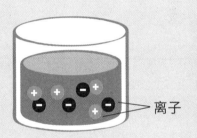

离子

阿伦尼乌斯的报告是如此的完整，要实验有实验，要理论有理论，几乎是无懈可击，不料交到教授手上以后，克莱夫的反应却出奇的冷淡。原来，克莱夫和当时大部分的教授一样，是法拉第电解理论坚定的支持者。

尽管阿伦尼乌斯受到打击，但他并没有因此放弃。因为他不断地说服自己——唯有实际的实验才能证明理论是对还是错！他的实验结果摆在眼前，无懈可击，他没有错，是法拉第的电解理论需要修正！于是他依然向学校提出申请，在1884年5月，进行论文公开答辩。

克莱夫教授

老师你相信我，我经过严谨的实验才得到这个结果！

阿伦尼乌斯

不可能，法拉第是大师，他不会错……

阿伦尼乌斯借助大量没有通电的实验，来证明即使不通电，电解质溶入水中也能表现出离子的性质。他在论文里对自己发现的现象提出几点结论：

1.电解质溶入水里以后，会分成两种不同的状态，一种是活性状态（离子态），一种是非活性状态（分子态）。

2.活性状态会因为通电而游往相反电极的方向，也就是法拉第观察到的正离子会游往阴极、负离子游往阳极。

3.这些活性状态的离子不需要通电也能存在。

4.离子并不会表现其原子的特性，两者性质不同，例如氯是绿色，但氯离子不是。

5.当溶液稀释时，活性状态的离子数量会增加，所以溶液的导电性会增强。

论文答辩会场上的争论十分激烈。虽然大家对论文的实验部分并没有太多争议，但对于结论——电解质在水中会自动解离，却一直无法认同。有人是因为陷于过去的理论而反对，有人则是对太过前卫的离子观点难以接受，再加上主持人克莱夫教授一开始就觉得阿伦尼乌斯的"电离说"十分荒唐，所以在整场答辩会上，阿伦尼乌斯一直处于"挨打"的状态。

到最后，论文是通过了，阿伦尼乌斯也如愿拿到他的博士学位，但是这份实验完整又推理缜密的论文，成绩如何呢？结果让阿伦尼乌斯大失所望，竟然只有"刚好及格"而已……

大家一定也有过这种经历吧！千辛万苦、呕心沥血、费尽九牛二虎之力做的事，却换回一个遗憾的无奈结局。别难过，因为人生很长，还没跑到终点之前，你怎么知道眼前的失败，过一段时间后不会来个大逆转呢？

在国内得不到学术界认同的阿伦尼乌斯，不希望自己的理论就此被埋没。他决定把论文寄给国外几位有名的物理化学家，一来是宣扬自己的理念，二来也是想听听其他专家的见解。

论文一寄出国，竟然收到了巨大的反响。柳暗花明又一村，阿伦尼乌斯的"电离说"，不但从其他科学家那儿获得了应有的掌声，还意外地另辟蹊径，为人类打开了通往酸碱本质的大门。

我要学阿伦尼乌斯，把情书寄给其他大师审阅，找出每次表白都被拒绝的原因……

还不是因为错字太多，根本看不懂……

看来鲁芙可能有收过……

快问快答

1 电解质是什么？为什么我们运动完以后，要喝运动饮料补充"电解质"呢？

顾名思义，**溶解于水后能导电的物质就是"电解质"**，例如我们平日所吃的食盐就是最常见的电解质。

人体的生理功能，如神经传导、肌肉收缩等，都需要足够的电解质才能顺利运作。但是经过剧烈运动之后，电解质很容易随着大量的汗液流出体外，如果没有适时补充，很可能出现恶心、无力、全身疲劳或肌肉抽筋的现象。所以，大量流汗后，可以喝一些运动饮料补充体内的电解质。但是平时不适合把运动饮料当水喝，因为身体需要把过多的电解质排出体外，如果喝下过多的电解质反而会加重肾脏的负担哟！

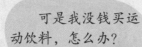

可是我没钱买运动饮料，怎么办？

在水里加点儿盐也可以补充电解质，但没事不要多喝哟！

2 电解质在水中溶解以后产生"离子"。我们可以看见吗？

大部分的离子在水中是无色的，所以我们无法用肉眼观察到。不过，有少数离子会呈现特殊颜色，像铜离子是蓝色、锰酸根离子是墨绿色、锰离子则呈现漂亮的浅粉红色。

3 市面上有一些吹风机，标榜能吹出"负离子"，使头发不毛糙、好梳理。请问它们吹出的负离子是什么？我怎么什么都没有看见呢？还有，负离子吹风机价格不便宜，它的效果真有这么神奇吗？

离子是什么？就是"带电的粒子"。带有负电荷的粒子就是"负离子"。实际上，在负离子吹风机里，装有"负离子产生器"。这种产生器能累积电压，并在负极"尖端放电"放出"电子"。当这些电子被放进空气中，和"氧气"结合后就成为"负离子"。

虽然我们的眼睛看不见负离子，不过，当它们被吹到你的头发中，会产生"同性相斥"的效果，使发丝与发丝"保持距离"，头发自然不会"相亲相爱"地纠缠在一起。

要使头发乖顺不毛糙，不见得要花大钱买负离子吹风机，还有其他许多方法可以选择，像是使用护发乳、精油；或是选择风量大的吹风机，以便缩短热风吹头发的时间，都可以达到让头发好梳理的效果哟！

老师需要负离子吹风机吗？

不用！我的鬈发不用吹就蓬松有型，超级帅气！

4 "负离子空气净化器"的工作原理也跟负离子吹风机一样吗？

有一部分是类似的。负离子空气净化器，也是利用负离子产生器尖端放电，使空气中的氧气带上负电，变成"负离子"。这些负离子会使飘浮在空气中的灰尘、脏污等物质带负电，之后就会被带有正电的地面或墙壁表面吸住，空气也会因此变得干净。

有些空气净化器还会进一步加装"静电集尘器"，就是让带上负电的灰尘微粒随着气流因为"异性相吸"而被吸在正极，再被过滤、收集起来，达到更好的空气净化效果。

LIS影音频道

扫码回复
"化学第17课"
获取视频链接

【自然系列——化学／酸碱03】电离说与离子——不被承认的"电离说"（上）

你能想象离子在还没有通电前就存在了吗？阿伦尼乌斯把他毕生的赌注都压在这场发表会上了，在三位铁面教授面前，他开始发表了重要的发现——解离说！

【自然系列——化学／酸碱03】电离说与离子——不被承认的"电离说"（下）

不服输的阿伦尼乌斯，将论文寄给更多当代知名的科学家，他的发现可以因此翻盘吗？且让我们继续看下去……

/ 第 18 课 /

"电离说"（下）：
酸碱与pH

阿伦尼乌斯和索伦森

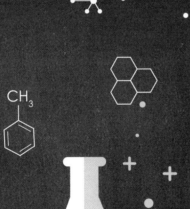

话 说上一课讲到阿伦尼乌斯提出的"电解质解离说"（简称"电离说"），
让当时的科学家们觉得像天方夜谭一样荒唐！连排出元素周期表的
大化学家门捷列夫也曾说出重话："这种近乎幻想的学说（电离说），
就像历史上的燃素一样，终将落得全面溃败的下场。"

或许是因为道尔顿所提出"原子不可再分
割"的观念已经深入人心，再加上贝采尼乌斯
提出"电化二元论"认为"物质"能被电解是
因为原子天生就带电。既然不能再分割又带
电，那怎么可能会有不带电的原子和带电的离
子同时存在呢？因此，阿伦尼乌斯受到了各界
科学家的嘲笑和抨击，他索性心念一转，把自
己的研究论文寄给国外各地的同行。没想到，
原本被批评得一无是处的"电离说"，马上被
德国的物理化学家奥斯特瓦尔德（Friedrich
Wilhelm Ostwald）当成宝！而且，他迫不及
待地与阿伦尼乌斯进行了联络。

前面cue我好
几次，终于轮到
我出场了！

威廉·奥斯特瓦尔德

1853—1932

德国物理化学家

"电离说"的绝地大反攻

原来，奥斯特瓦尔德专门研究"酸催化"，利用各种不同的"酸"进行催化反

老师暂停一
下，"酸催化"
是什么东西呀？

酸催化就是利用酸
促成化学反应进行，但
是"酸"本身不会参与
反应。

我明白了，
就是用酸让化学
反应变快，但不
影响反应结果！

应。他的研究正面临一个瓶颈：为何同样都是酸，有些催化效果很强，有些却很弱？其中的原因是什么呢？

此时出现的阿伦尼乌斯的"电离说"，简直像是为奥斯特瓦尔德量身打造，解释了奥斯特瓦尔德迟迟无法解决的问题。"电离说"指出：每种酸都含有"氢原子"，但真正能代表酸性强弱的不是"氢原子"，而是"氢离子"。换句话说，当我们把酸溶于水后，能解离出越多氢离子，酸性就越强，催化效果当然也越强了。

不只如此，"电离说"还指出：强酸在水中解离的效果比弱酸好，所以强酸的氢离子浓度比弱酸高，能表现出更明显的反应性，导电效果当然也比弱酸强。

奥斯特瓦尔德对阿伦尼乌斯的实验大感兴趣，特地跑到瑞典，找阿伦尼乌斯一起拟订研究计划。他热情邀约阿伦尼乌斯成为他的研究伙伴，到他任职的里加大学（现为拉脱维亚著名的里加工业大学）工作，这对于在国内四处碰壁的阿伦尼乌斯，无疑是迟来的肯定与鼓励啊！

好感动，终于有人相信我了……

阿伦尼乌斯

电离说

欢迎你来！

奥斯特瓦尔德

1900年的里加大学。

除此之外，"电离说"也同样帮助了荷兰的物理化学家范托夫（Jacobus Henricus van't Hoff）。范荷夫是研究溶液"熔沸点变化"的著名科学家，他对非电解质溶液的预测十分准确，但只要碰上酸、碱、盐溶液，也就是电解质溶液，就会出现偏差。

1888年，阿伦尼乌斯和奥斯特瓦尔德一同到阿姆斯特丹去拜访范托夫，在他的实验室里一起进行实验，并尝试用"电离说"的概念，验证范托夫的研究。就这样，他们三人的理

雅各布斯·亨里克斯·范托夫
1852－1911
荷兰物理化学家

论互相支持、彼此印证，成为亲密战友，时常互通有无、讨论实验与分享发现。

随着时间推移，阿伦尼乌斯的"电离说"能解释的实验越来越多，影响力也像微风吹拂下的蒲公英种子一样，在国际上不断扩散。

真理总会出人头地

直到1897年，科学家发现了比原子还小的"电子"（感谢天！原子终于不是不可分割的了，发现电子的过程请见下一课），证实了带负电的电子可以在原子间穿梭，形成带有电荷的"离子"，这才让原本反对"电离说"的学者们，突然发现自己竟然站在真理的对立面，阻挡了科学的前进。

话虽如此，这种不小心就被"打脸"的现象在科学上其实十分常见。因为真理是未知的，科学的本质就是要借由不断的质疑去挖掘真相。质疑不是恶意，而是科学研究最重要的精神。受到考验就卡关的理论，自然就会被淘汰。虽然我们不能说通过重重科学检验而留下来的理论肯定就是真理，但它至少会比被淘汰的理论更接近真理。

好了。阿伦尼乌斯的故事讲完了，这也代表了我们人类终于揭开了酸碱的神秘面纱——原来，**溶液的酸碱性，是因为"氢离子浓度"高低不同所造成的。**

只是，了解原因不代表就能精准判断酸碱的强弱。请想象一下，如果你跟过去的科学家一样，只知道酸碱性来自氢离子的浓度，那你要如何判断一杯溶液是酸还是碱？而酸碱的强度又如何呢？

或许你会说："我们有酸碱试剂呀！"这点倒是没错。早在1300年，炼金术士就知道用石蕊溶液浸湿滤纸做成石蕊试纸，来检验溶液的酸碱性。如果溶液用石蕊试剂测出来是红色，就是"酸性"，蓝色则是"碱性"，但是到底酸性和碱性的程度怎么样呢？说实话，我们根本说不出个所以然来。而且用颜色判断并不是很准确，因为A看到的蓝色，可能跟B看到的蓝色完全不一样，更何况在这个世界上还有不少人是色弱或色盲呢！

哇，试纸变红了，这个溶液是酸性！

可是它没有变得很红，应该不是很酸！

每个人对颜色的感受不同，这就是传统酸碱试剂测量的盲点呀！

后来，有一个饱受困扰的科学家，在阿伦尼乌斯的电离说得到诺贝尔化学奖后的第六年，公开了一个大受欢迎的解决办法，那就是现在世界上通用的"pH"。这个聪明的科学家，就是来自丹麦的瑟伦·索伦森（Søren Peder Lauritz Sørensen），大家是不是该掌声鼓励鼓励？

pH从哪儿来？

0.000 000 000 000 01

0.000 000 000 000 000 001

现在数到第几个0了？！

瑟伦·索伦森
1868—1939
丹麦化学家

索伦森原本就读于哥本哈根大学医学系，后来才转攻化学并成为化学博士。毕业后，他在哥本哈根著名的嘉士伯实验室（Carlsberg Laboratory）工作，主要研究"离子浓度"对蛋白质酵素的影响。

听不懂？这很正常。其实简单来说，索伦森就是研究蛋白质酵素在酸碱溶液中到底会起什么反应。所以，他的实验一天到晚都要考虑溶液中的"氢离子"浓度到底有多少。

通常，索伦森的任务就是在不破坏蛋白质的情况下，去观察蛋白质的自然变化。可是，既要蛋白质起作用又不能被破坏，酸碱浓度必须很严格地控制在某个范围——只要超出这个范围，变得酸性太高或碱性太高，都会使蛋白质"变性"，毁了整个实验。

这种实验在现代当然不成问题，但对一百多年前的化学家来说，却是莫

蛋白质"变性"，就是蛋白质改变了化学结构。像原本液态的蛋黄、蛋白，加热煮熟后变成固态的荷包蛋，就是一种"变性"的过程。

变性 →

大的挑战。因为以前的酸碱指示剂颜色变化并不精确，很难对实际的酸碱程度提供明确标准，所以，就算知道"某某蛋白质只能在'这么酸'的溶液下进行实验"，但"这么酸"到底有多酸？说真的，当时的化学家极难判断。

可恶，蛋白质又凝固了！到底要用多酸的溶液，才能顺利进行实验？

索伦森

就是因为这样，索伦森的蛋白质实验很容易失败，让他相当头疼。

还好，后来有人找出了利用"电压"测量离子浓度的方法。但溶液里的氢离子浓度往往非常非常小，例如纯水中的氢离子浓度，只有每升0.000 000 1摩尔、海水是0.000 000 01摩尔、肥皂则是0.000 000 000 1摩尔，而通水管的清洁剂，大约只有0.000 000 000 000 01摩尔……每一个小数点后面都跟着超级多个0，只要一晃神，很容易就会看错或算错。

不信的话，给自己三秒，看有没有办法比出0.000 000 000 000 5和0.000 000 000 002这两个数字究竟谁大谁小？是不是很恼人，也很容易出错呢？

这些氢离子的浓度实在太不容易判断了。还好，山不转路转，路不转人转，身为头号受害者的索伦森，索性发明了一种简单的替代方法，那就是我们现在广泛使用的"pH"。

索伦森在他的笔记中写道：**pH代表的是氢离子的强度**（power of hydrogen ion 或是拉丁文的pondus hydrogenii）。用简单的数学表示就是：

$$c(H^+)\text{（即氢离子浓度）}=10^{-pH}$$

如果要转换成公式的话，就是拿氢离子浓度的负对数，像这样：

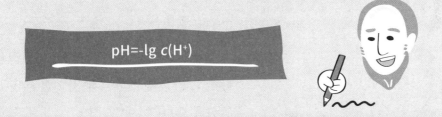

$$pH=-\lg c(H^+)$$

看到陌生的数学公式开始让你头昏了是吗？其实不会算没关系，只要了解pH代表的意义就行了。重点是，经过这样算出来的数字倒真的好看很多呢！我们来看看它的前后差别吧：

通水管清洁剂的氢离子浓度	
前（直接用摩尔计算）	后（换算成pH后）
0.000 000 000 000 01	14

是不是效果很好？14比0.000 000 000 000 01平易近人多了！从pH的定义来看，只要氢离子浓度越高，它的pH就会越小。这样一来，物质的酸碱性，也可以很容易用pH比较出来——pH的数字越小酸性越强，数字越大则碱性越强。

1909年，索伦森发表论文时，也顺便把他发明的pH概念公诸社会。他大力宣传pH的"方便"（快速判断酸碱）、"准确"（马上可以回推氢离子浓度）、"好用"（不被数字搞得头昏眼花），许多科学家眼睛一亮，注意到了这个简洁又有趣的数值。

慢慢地，好用的pH在科学界形成风潮，越来越多人跟着使用，渐渐成为国际普遍使用的酸碱指标，一直流传到现在。

原来pH是这样发明的啊！

还好有pH，不然光算氢离子浓度有几个0就昏头了！

不过，索伦森一开始的pH写得相当随意，所以在世界各地出现各种不同的写法，像是"pH*""Ph""PH+"……直到1920年，美国生物化学会才制定出"pH"（potential of Hydrogen）的统一用法；后世我们这些学化学的人，也少了从此头昏眼花之苦。所谓"前人种树，后人乘凉"，化繁为简的pH，正是索伦森大师带给后世最重要的小确幸呢！

1 课本图表中的pH范围，大部分是从1～14。pH只能在1到14之间吗？

　　当然不是。像10M（M代表摩尔浓度）浓盐酸的pH就是—1；1M的浓盐酸pH则为0；而10M的氢氧化钠溶液pH就是15，所以pH可以是小于1或大于14，只不过在日常生活中，很少出现这种极酸、极碱的状况，一般的pH范围在1～14就非常够用了。

身边一些物质的pH

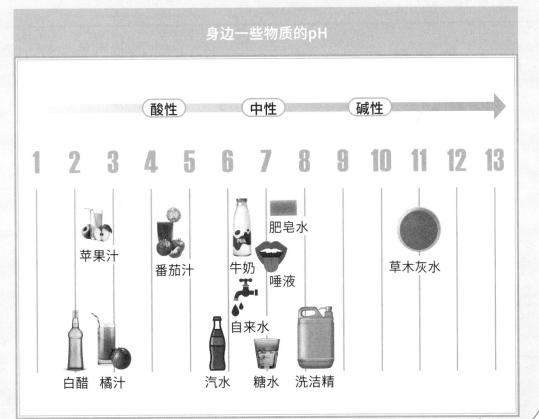

酸性　　中性　　碱性

1　2　3　4　5　6　7　8　9　10　11　12　13

苹果汁　番茄汁　牛奶　肥皂水　唾液　草木灰水　白醋　橘汁　汽水　糖水　洗洁精　自来水

2 为什么pH等于7代表中性？为什么不是6，或者8呢？

其实物质中性的时候，pH不一定是7。"**pH＝7**"**代表中性，是在**"**常温常压**"**的状态**下，也就是大约在一个标准大气压、25℃的环境之中。在常温常压下，一升的水会有10^{-7}摩尔解离成氢离子和氢氧根离子，此时氢离子的浓度恰好等于氢氧根离子的浓度，所以才会呈中性。又因为氢离子的浓度为mol/L，所以取pH等于7，刚好代表中性。

不过，**如果不是在常温常压的环境，pH等于7不一定是中性**，例如把温度提高到100℃时，pH大约是6，也是中性。

 LIS影音频道

扫码回复
"化学第18课"
获取视频链接

【自然系列——化学／酸碱04】pH超好用——酸碱新指标pH（上）

阿伦尼乌斯的电离说出现后，人们了解物质解离出的氢离子多寡，才是造成酸碱性强弱的关键，更出现了可用来表现酸碱强弱的"氢离子浓度表"……

【自然系列——化学／酸碱04】pH超好用——酸碱新指标pH（下）

为自己的名誉奋力一搏的科学家索伦森，拼了命地做实验，终于成功发明出了特殊方法"pH"来解决复杂的浓度表现方式，快来看看他的世纪大发现吧！

/ 第 19 课 /

发现电子与原子模型

汤姆孙和卢瑟福

前 两课都说到，阿伦尼乌斯提出"带电离子"的观点，受到各方质疑，主要是因为"原子不可再分割"的说法，已经像是《圣经》般的存在、深入人心，所以人们很难再接受新观念。

但是，原子真的是这个世界上最小的粒子吗？会不会有更小的粒子藏在原子里面呢？只是因为我们的技术还不够厉害，所以才误以为原子不可再被分割呢！

在道尔顿提出"原子说"一百年后，化学家还无法探知的原子世界，就由物理学家发现了……

道尔顿

> 鲁芙，你越来越厉害了！

> 这次轮到我被打脸了。

> 别难过，科学的进展就是这样的，会不断出现更进步、更完整的新学说……

阴极射线管带来的冲击

话说这个时候正是十九世纪下半叶，"电磁学"的研究开始变得热闹，像是电报、电话、发电机、电灯、电车等各种电力装置，纷纷被发明出来，工业领域也从此进入了电气化的时代。不过，会用电不代表了解电。坦白说，这个时期的科学家，其实并不知道"电究竟是什么"。

当时的科学界流行着一种神奇的科学玩具——阴极射线管。什么是阴极射线管呢？简单地讲，就是一根两端被装设"阴极"和"阳极"的玻璃管，管子里接近真空，只剩下一点点的空气，只要两端通上强大的电压，管子的阴极就会发出一道光束射向阳极，并在面对阴极的玻璃壁上发出荧光，由于这道光束是从阴极射出来的，所以被称为"阴极射线"。

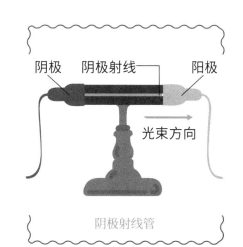

阴极　阴极射线　阳极

光束方向

阴极射线管

威廉·克鲁克斯
1832—1919
英国物理学家、化学家

最早的阴极射线管是由英国科学家威廉·克鲁克斯（William Crookes）制作出来的；所以又被称为"克鲁克斯管"（Crookes tube）。

当时的科学界对这根通了电会发光的管子非常着迷。这道光束是怎么来的？光的轨迹又代表什么意义？没想到在往后的二十年里，掀起了一场是"波"还是"粒子"的世纪论战。其中，德国的科学家大多认为阴极射线是"波"，英国的学者却认为阴极射线是"粒子"。

光是光波，阴极射线也是"光"，当然就是"波"。

才不是！阴极射线跟一般的光不一样，它不是"波"，是一个个的"粒子"！

德国科学家　　　英国科学家

尽管当时有些实验已显示，阴极射线似乎同时具有"波"和"粒子"的性质，但是两边的强硬派都不肯接受模棱两可的结论。因为当时的科学家还不能想象世界上居然有既是波，又是粒子的东西。这些科学家一心只想找到一个关键性的实验，能"一槌定音"，平息学界的争论。就在此时，我们的主角出现了，他是来自英国的物理学家，也是电子的发现者——约瑟夫·汤姆孙（Joseph John Thomson）。

打开基本粒子大门的人

约瑟夫·汤姆孙
1856—1940
英国物理学家

汤姆孙的父亲是个书商，我们姑且称他为"汤爸爸"吧！身为书商，汤爸爸非常了解缺乏知识的痛苦，所以特别重视孩子的教育。还好，他的工作是帮大学印制课本，往来朋友多半是附近大学的教授，家里也充满书香气息。在得天独厚的环境熏陶下，儿子汤姆孙从小学业就十分突出，十四岁进入曼彻斯特大学就读，二十一岁保送剑桥大学的三一学院，二十八岁就当上物理界赫赫有名的剑桥大学卡文迪许实验室（Cavendish Laboratory）主任，成为当时众所瞩目的超级新星。

1896年，科学界对于"阴极射线究竟是波还是粒子"这一争论，已经吵了将近二十年。在英国科学会的请托下，四十岁的汤姆孙正式加入了这场世纪论战。

早在汤姆孙之前，发明"克鲁克斯管"的克鲁克斯，已经对阴极射线做了深入的研究。他在管子里安装一个十字形的挡板，通电后，在正对阴极的玻璃壁上，出现了一个十字形的阴影，所以他认为，阴极射线就像光一样直线前进，才会出现如此清晰的影子（如下图）。

通电前 　　　　　　　　　　　　　　通电后

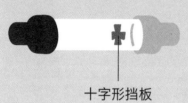

十字形挡板 　　　　　　　　　阴极射线　十字形阴影

克鲁克斯又在管子里装上一个小型的风车，通电以后，风车竟然转动起来，所以他认为，阴极射线是由粒子组成的，因为只有实体的"粒子"能推动风车，"波"是办不到的。

被阴极射线推动的风车

克鲁克斯还发现，如果拿磁铁靠近阴极射线，阴极射线的方向就会偏折，可见这种粒子带电。于是，他得出结论——**阴极射线是一种直线前进且带电的粒子流。**

而我们的主角汤姆孙，参考这些前人得出的实验结果，设计未来的实验方向。他想："我只要能找出阴极射线具有'质量'，总该能证明它就是'粒子'了吧！"

不过，要怎么捕捉我们眼睛看不到的微小粒子呢？总不能把它们收集起来称重吧?！还好，聪明的汤姆孙设计了一个十分精巧的实验。

由于阴极射线在受到"电"和"磁"的影响时，前进方向都会偏转，像这样：

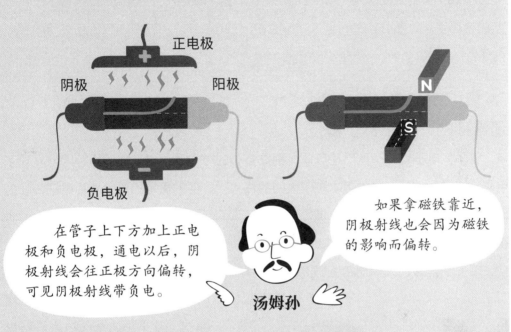

正电极

阴极　　　　　　　阳极

N

S

负电极

> 在管子上下方加上正电极和负电极，通电以后，阴极射线会往正极方向偏转，可见阴极射线带负电。

汤姆孙

> 如果拿磁铁靠近，阴极射线也会因为磁铁的影响而偏转。

于是，汤姆孙调整电场和磁场的大小，使射线受到的电力和磁力大小相等、方向相反，力量刚好抵消，阴极射线就不会偏转。

然后，再拿此时电场和磁场的数据经过一连串计算，刚好可以得出阴极射线的**"荷质比"**（又称"比荷"，q/m），也就是**每一克粒子带电的电量**，大约是 **1.76×10^8（库仑/克）**。这么一来就能确定阴极射线是"粒子"无误，虽然它很小，没有人看得到，但是因为它有质量，所以肯定是"粒子"没错！

不过，这些粒子是什么？会不会因为阴极的金属不同而有所不同呢？为此，汤姆孙换了几种金属，重复进行实验，结果发现，不管阴极怎么换，这些负电粒子的荷质比都一样，可见，**"所有的物质应该都拥有这种负电粒子"**。

换句话说，汤姆孙发现了一种超小粒子，这种粒子普遍存在于所有的原子里面。1897年，他公开这个发现时，称它们是**"微粒"**。直到1899年，才改用英国物理学家斯托尼（George Johnstone Stoney，1826—1911）所发明的**"电子"**（electron）一词来称呼它们。

汤姆孙的"梅子布丁模型"

电子！电子！原子竟然还可以分割成更小的单位——电子！汤姆孙因为发现了电子，被誉为"打开物质基本粒子大门的伟人"。他的贡献不只是发现电子、让人们了解了电的本质；更重要的是，他改变了人们看待世界的方式，也打开了人们对物质内部那个微小世界的想象。

接下来，人们开始思考：既然原子里具有带"负电"的电子，那应该还会有带"正电"的物质存在吧。不然的话，整个原子怎么可能会是电中性的呢？而且，如果我们真的找到了这些带着其他电性的微小粒子，它们在原子里面又是怎么分布的呢？

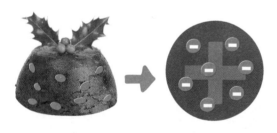

梅子布丁（plum pudding）是英国人圣诞节常吃的传统点心，里面有很多葡萄干。由于当时的"plum"指的是葡萄干，所以汤姆孙的"梅子布丁模型"，有时候也被翻译成"葡萄干布丁模型"。

这时候，汤姆孙提出了**"梅子布丁模型"**（Plum pudding model），他认为，电子均匀分布在原子之中，就像"梅子布丁"里的"梅子"一样。

只是，原子里面带正电的物质到底是什么呢？汤姆孙自己也不知道。直到将近十年以后，才由他的学生卢瑟福（Ernest Rutherford）揭开谜底。

打碎原子计划

欧内斯特·卢瑟福
1871—1937
新西兰物理学家

1897年，汤姆孙向世界宣布了"电子"的存在。这让原本就十分有名的卡文迪许实验室，更是红得发紫，吸引了世界各地的精英加入。

当时，有个特别的研究生，他来自遥远的南半球——新西兰。他刚来时被当成土包子，但是优秀的研究能力却渐渐令所有人刮目相看。他就是卢瑟福（Ernest Rutherford），一个原本研究电磁波，却误打误撞闯进原子世界的杰出科学家。

卢瑟福会半路转行，其实是因为汤姆孙的建议。卢瑟福果然厉害，擅长设计实验的他，转到原子领域仅短短一年，就成功地从"镭"（Ra）元素里分离出三种不同的射线——α射线、β射线、γ射线。所以，他一毕业，马上受汤姆孙的推荐，转到加拿大的第一学府——位于蒙特利尔的麦吉尔大学（McGill University），从事原子相关的研究。

在加拿大的九年里，卢瑟福的放射线研究在许多领域都引起轰动。所以当他1907年回到英国时，德、英、法、丹麦等欧洲各国的科学研究精英，纷纷聚集到他的实验室，宛如一个科学联合国。为了探索原子里的迷你世界，熟悉各种射线的卢瑟福构思设计了一个"打碎原子"的全新实验。

只要打碎一个原子，我们不就可以知道原子里有什么东西了吗？

卢瑟福

　　卢瑟福的计划是——选用速度快、质量重的"α射线"当"炮弹"，去打一张薄到几乎只有"一个原子"厚度（0.000 008 6厘米）的金箔。为了确保被炸碎的原子碎片和射出的炮弹都能被完整观测到，他还用感测器把金箔团团围住。如此一来，只要检测到感测器上发生"蛛丝马迹"，就可以间接推论出原子的内部结构。

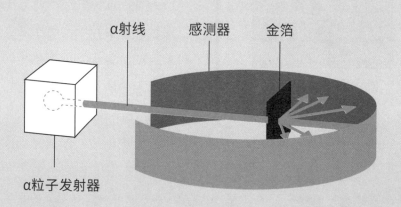

α射线　　感测器　　金箔

α粒子发射器

　　OK，一切就绪，有名的**"卢瑟福散射实验"**即将开始。卢瑟福已经做好心理准备：

　　"如果汤姆孙老师的'梅子布丁模型'是对的——带负电的电子均匀地分布在整个原子中，α射线的粒子应该大部分会直接穿过像原子一样薄的金箔，只有少部分会发生小幅度的偏转。"就像下图：

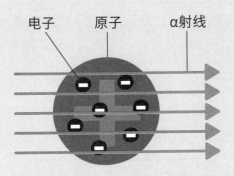

电子　　原子　　α射线

汤姆孙模型的实验假想图

但是如果不是呢？

"谁知道呢？先做实验看看实际的结果再说吧！"

于是，卢瑟福的打碎原子实验开始了。

起初，大部分的"炮弹"都直直地朝着金箔穿透过去。

"或许汤姆孙先生是对的，你看，α射线全都顺利通过了！"他的研究伙伴——德国物理学家汉斯·盖革

（Hans Geiger，1882—1945）说。可是，卢瑟福觉得现在下结论还太早。

"这些不见得是全部的结果。我们再多重复几次，只有不断地重复才能发现偶然现象，而这些偶然的现象，背后多半伴随着我们没有注意到的规律。"卢瑟福建议盖革用其他角度"打打"看，再观察结果。

几天后，盖革又惊又喜地拉着卢瑟福跑向实验室。

"卢瑟福先生，你说得没错，虽然大部分的α射线都穿过了金箔，但竟然有极少数射线发生了180度的偏转！"盖革兴奋地说。

"咦，你是说α射线直接被反弹了吗？"卢瑟福不敢相信自己的耳朵，"如果原子内部真的长得像汤姆孙老师提出的'梅子布丁模型'，α射线是不可能被反弹的，除非……"

"除非原子里面有比α粒子更大、更重的粒子团，才有可能办到！"

为了让自己脑中的想法更清楚，卢瑟福把自己关进实验室，好几天没出来。后来，

他准确地测量出"每8 000个α粒子，会有一个发生反弹"的现象。所以，他认为："除了汤姆孙老师发现的电子外，原子内部一定有一个集中了全部的正电与质量的'核'，这个核可以将带正电的α粒子完全反弹回去，但它非常小，跟整个原子的体积比起来，就像是高尔夫球之于高尔夫球场，所以每8 000发α射线才只有一发能击中它。"

"如果是这样，那原子内部应该是什么样子的呢？"卢瑟福的学生纷纷问他。

"看来，原子的内部是不太可能像汤姆孙老师所说的'梅子布丁'了。"卢瑟福认为，"原子中心应该有非常微小的'**原子核**'，而电子会围绕着原子核旋转，就像地球绕着太阳运动一样！"

这就是卢瑟福在1911年提出的"**行星模型**"（Planetary model）。

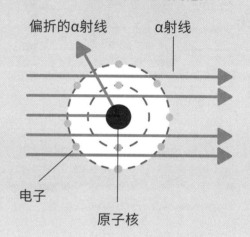

偏折的α射线　　α射线

电子

原子核

我好佩服这些科学家哟！

是呀，因为有他们前仆后继的实验探究，才有科学的飞快进展哟！

就这样，卢瑟福站在巨人的肩膀上提出了"**行星模型**"（又称**太阳系模型、卢瑟福模型**），而这次，他自己也变成了科学界的巨人。只不过，大家信服他的实验，却对他的行星模型有很多疑问。

"电子为什么可以绕着原子核转个不停？""带负电的电子为什么不会被带正电的原子核吸住呢？"卢瑟福暂时也无法解释这些问题，因为这牵涉原子内更细微的构造和运动，有待后续科学家的努力。

换句话说，原子核里还有更小的粒子吗？卢瑟福觉得很有可能。时代的巨轮继续往前推进，总有那么一天，或许是卢瑟福，或许是其他科学家，会站在一个又一个巨人的肩膀上，解开原子内部的世纪之谜。

 **快问快答**

1 阴极射线管听起来很好玩，现在还买得到阴极射线管吗？

询问制作物理教具的商家有可能买得到。但你知道吗？在液晶荧幕出现之前，那种厚厚的"映像管"电视或电脑荧幕，就算是一种阴极射线管哟！

哇，看起来好厚重的感觉。

我就是看这种电视长大的哟！

老师，你暴露年龄啦！

它们都是利用后方的电子枪发射电子射向荧光幕，使荧幕发光，所以需要有一定的厚度，体积庞大又占空间。因此，进入二十一世纪后，就逐渐被又轻又薄的液晶荧幕取代了。

Chap.
19

② 为什么汤姆孙要拿"梅子布丁"来形容原子呢？我根本没见过梅子布丁呀！

汤姆孙是英国人，而梅子布丁是英国的传统点心。英国人拿英国的传统点心做比喻，不是非常合情合理吗？

但如果你希望用比较熟悉的食物来比喻原子的话，其实汤姆孙的原子模型又叫作**"西瓜模型"**，电子就像西瓜里面的西瓜子一样，均匀散布在整个原子里面，这样是不是好懂多了呢？

嗯，说到西瓜，这个我就内行了……

你比较内行的是吃西瓜吧！

LIS影音频道 ▶

扫码回复
"化学第19课"
获取视频链接

【自然系列——化学／物质探索08】电子的发现——超原子时空冒险首部曲（上）

二十一世纪上课正在打瞌睡的严八和十九世纪在做实验的查德威克，不小心交换了灵魂！穿越到十九世纪的严八，无意中撞到了有着前卫名字的科学家汤姆孙，接下来会发生什么事呢？

【自然系列——化学／物质探索08】电子的发现——超原子时空冒险首部曲（下）

汤姆孙教授发现了阴极射线中的带电粒子——电子，小查也不禁想起老师教过的内容，原来电子中似乎藏着不得了的秘密……

114

/第 20 课/

质子、中子与其他
构成原子的粒子

卢瑟福和查德威克

上　　一堂课我们提到，汤姆孙和卢瑟福分别提出原子模型以后，大家才开始怀疑：原子里除了带负电的电子之外，应该还藏着带正电的粒子，这样整个原子才会呈现电中性的稳定状态。可是，这个粒子是什么？在哪里？怎么让这么微小的粒子现身呢？

想想看，如果你是卢瑟福，既然"打碎原子计划"这么成功，发现了原子内部的构造，你会不会想再玩一次"打碎原子"？说不定还能找出什么新的名堂呢！

十个人中应该有九个半会这么想吧！卢瑟福也不例外。因此，他在1919年回到卡文迪许实验室担任主任时，决定再玩一次"打碎原子"的实验。

"打碎原子计划" 第二部分

只不过，这次的计划不太一样。

记得吗？上次卢瑟福的实验是打金箔，这次的目标却是打空气——当α射线射向虚无缥缈的空气，打中气体原子时，会发生什么新鲜有趣的事呢？

这有什么难的，我用弹弓也能打空气啊！

你打到鸟蛋了啦……

打着打着，果然在"氮气"身上打出有趣的事来了。卢瑟福发现，在这么多气体中，只有氮气被α射线撞击后会发生变化。例如，在只有"氮气"的空间中，射入α粒子，竟然会出现"氧"及"氢原子核"！如果是你，会如何解读这种前所未见、莫名其妙的现象呢？

嘿嘿，这是因为：α粒子和氮原子发生了核反应，制造出氧原子和氢原子核，就像以下公式：

$$^{4}_{2}He + ^{14}_{7}N \rightarrow ^{17}_{8}O + ^{1}_{1}H$$

|　　　　 α粒子　　　　 氮原子　　　　 氧原子　　　　 氢原子核|

虽然这种说法一点儿都没错。但在卢瑟福进行实验的年代，人们根本不知道原子核里有中子、质子，更不晓得原子核竟然还可以被"撞破"，发生分裂、融合等变化。

所以，卢瑟福的第二次"打碎原子计划"，正是人类史上第一个**"核反应"**实验！换句话说，这是人类第一次用人为方式使微小的原子核产生变化，这象征着人类的科学，已经从**"电的时代"**，渐渐迈入**"核子时代"**！

发现质子

更重要的是，卢瑟福这次不但打碎了原子，还打出了后来被称为**"质子"**的**"氢原子核"**。

卢瑟福认为，氮原子被α射线撞击以后，释放出来的氢原子核，应该就是组成

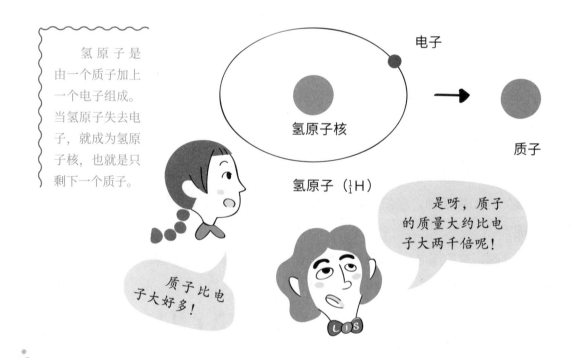

氢原子是由一个质子加上一个电子组成。当氢原子失去电子，就成为氢原子核，也就是只剩下一个质子。

电子

氢原子核

氢原子（${}^1_1H$）

质子

质子比电子大好多！

是呀，质子的质量大约比电子大两千倍呢！

各种原子的基本粒子。这是因为它的带电量恰好与电子相同，而其他原子的质量，恰好是氢原子核的整数倍（因为电子的质量很轻，此处忽略掉电子的质量）。可见，各种不同的元素，都是由这种粒子堆叠而成的。

而由于氢原子核里只有一个这种粒子，于是他将这种粒子取名为"proton"，在希腊文里就是"第一"的意思，也就是我们现在说的"质子"。

原子内还有第三个粒子

质子的发现，终于解答了原子为何呈现电中性的问题。但是，科学最有趣的地方往往在于——找到一个答案的同时，又产生了其他更多的问题。卢瑟福也碰到了同样的困境。

当他找到质子，并且测量出质子和电子的质量之后，问题来了。质子加上电子呈现电中性了，但是，它们两个加起来的质量，怎么会只等于半个原子的质量呢？剩下的半个原子质量是从哪里来的？难道除了电子、质子，原子里还有其他粒子吗？

如果有的话，这个粒子一定不带电，这样一来，整个原子才会呈现电中性。但是如果这个粒子不带电的话，会带来很大的难题，因为不带电的粒子就不受电场或磁场的影响，做实验时，就很难像电子或质子般，透过电或磁把它们找出来。

因此，尽管卢瑟福大胆假设：**原子内一定还存在着不带电的粒子！**但是要怎么找到这个不带电的粒子呢？这为科学界增加了一道新的难题。

真是烧脑啊！这该怎么破解才好？还好，这个时期的化学已飞快发展，这个大难题在十几年后，就被卢瑟福的学生——查德威克（James Chadwick）解开了。

超强 γ 射线的真相

詹姆斯·查德威克
1891—1974
英国物理学家

自从卢瑟福开始用α射线做"炮弹",打碎原子并找到质子后,许多科学家也开始有样学样,运用各种射线对着原子撞击,希望找到更多蛛丝马迹,揭开原子核里的秘密。

1930年,德国科学家博特(Walther Bothe,1891—1957)发现,用放射性元素"钋"(Po)发出的α射线去撞击金属"铍"(Be),会让铍产生一种能量很高、穿透性强的射线,他认为这是一种特殊的γ射线(Gamma Ray),也就是从原子核射出的电磁波,后来则被取名为**"铍射线"**(Beryllium Ray)。

三种放射线比一比		
α射线	纸	由α粒子组成，α粒子相当于氦原子核，具有两个质子和两个中子。
β射线	铝箔	由β粒子组成，β粒子相当于电子，可被铝箔阻挡。
γ射线		是电磁波，具有最强的穿透性。

博特的铍射线公开以后，引起了专门研究放射性元素的科学家——约里奥·居里夫妇（Frédéric Joliot-Curie，1900－1958，Irène Joliot-Curie，1897－1956，居里夫人的女儿与女婿）的兴趣。他们重复了博特的实验，决定深入研究铍射线。

约里奥·居里夫妇用铍射线去撞击石蜡（表面带有很多氢的一种碳氢化合物），结果打出了许多高速的质子，因为这种射线不带电且具有高穿透性，所以居里夫妇也将铍射线解释为一种"超强γ射线"。

不过，这个结论一出现，卢瑟福和学生查德威克马上觉得不对劲……

"正常的γ射线，能量不会高到能把质子打下来吧！"查德威克心想，"这个铍射线很可能不是γ射线。搞不好藏着我们找了十几年的中性粒子也说不定……"

于是他们的内心燃起希望，马上动手重复约里奥·居里夫妇的实验，并且深入研究这种射线究竟有什么性质。

查德威克发现，虽然铍射线和γ射线一样，不带电且穿透性极强，但有一点和γ射线十分不同，那就是γ射线是以光速前进的，但这个铍射线却慢吞吞的，速度只有光速的十分之一。

他还发现，γ射线不能直接打进氮原子，但是铍射线可以！结论很明显，这个铍射线根本就不是γ射线。

这个铍射线速度慢，能量却这么大，很接近我们寻找的中性粒子了！

查德威克

在约里奥·居里夫妇发表铍射线研究的一个月后，查德威克也发表了一篇名为《中子可能存在》的文章，清楚说明了他认为中性粒子可能存在的原因。不久后，查德威克发表了《中子存在》的论文，详细地介绍了自己的实验与理论，并且郑重说明居里夫妇所研究的铍射线，其实就是原子核内的中性原子——**中子**（neutron）。

查德威克还设计实验，测量了铍射线的质量——铍射线粒子的质量与带正电的质子大致相同。这个结果再一次证明，铍射线就是卢瑟福之前所假设的中性粒子，只是这个中子本身就是中性的，而不像卢瑟福原先所想的：一个质子加一个电子的"双子"组合。

虽然在寻找中子的过程中，证明了博特与卢瑟福的假设，以及约里奥·居里夫妇的理论都有些瑕疵，但是，如果博特没有用α射线去打铍，就不会发现铍射线；如果约里奥·居里夫妇没有花时间去实验证明铍射线的特性，查德威克也不一定会注意到铍射线与γ射线的不同；如果没有卢瑟福关于中性粒子的预测，查德威克更可能无法敏锐地从居里夫妇的实验中看出端倪……

总之，**科学是一连串"站在巨人肩膀上"的发现过程。**查德威克众里寻它千百度，中子总算是被找到了。

还有更小的粒子吗？

从道尔顿提出"原子说"、汤姆孙找到电子、卢瑟福发现原子核和质子，到查德威克找到中子……人们花了大约一百三十年，才总算对组成物质的基本粒子有了进一步的了解。

一百三十年，你觉得很久吗？其实一点儿也不。相对于人类缓慢建立起整个科学体系所花的四五千年，一百三十年很短、很快，而且后续发展速度还在不断地加快。到现在，关于物质的基本粒子，人类早已发现质子、中子都是由更小的**"夸克"**（quark）、**"胶子"**（gluon）所组成。而光是夸克就又分为**"上夸克""下夸克""奇异夸克""魅夸克""底夸克""顶夸克"**六个家族。而其他微小的基本粒子还有**"μ子"**（又名**"缈子"**，muon）、**"τ子"**（又名**"陶子"**或**"涛子"**，tauon）、**"微中子""玻色子"**和**"希格斯玻色子"**……

一个中子是由一个上夸克和两个下夸克所组成的。

在过去，中子被认为是基本粒子，但现在人们已经发现，中子里还有更小的基本粒子"夸克"。

未来，人类还会不会发现其他更多、更微小的基本粒子？答案是——谁知道。现代的科学家都持有开放的态度，再也不像道尔顿时代前的前辈们，凭着简单的实验与假设，就敢提出结论。

俗话说，长江后浪推前浪。新一代的科学家比旧一代的科学家知道得更多，也拥有更先进的工具和更完整的理论，但面对科学的不可预期性却更谦卑，也比过去的前辈保留更多弹性，不敢随便妄下定论。

这是因为现代的科学家，已经非常理解大自然与世界的奥妙与深不可测，永远都有更多、更大、更微小、更奇怪、更想象不到的未知在等着我们，或许这也是我们人类自科学发展以来最大的进步吧！

Chap.
20

快问快答

1 在报纸、杂志上，偶尔可以看到"上帝粒子"这个名词，这是跟神有关的新粒子吗？

所谓**"上帝粒子"**，指的是**"希格斯玻色子"**（Higgs boson）。它跟电子、质子、中子、夸克一样，是一种构成原子的基本粒子。但是，因为希格斯玻色子一旦生成就会立刻衰变，很难发现，所以有位为了研究希格斯玻色子而吃尽苦头的专家，出书时称呼它为"该死的粒子"（Goddamn Particle）。出版社大概是觉得不雅，把"damn"拿掉，改成普罗大众可以接受的"God Particle"。从此以后，希格斯玻色子就经常以"上帝粒子"的称呼出现在大众媒体上，其实它的出现跟神或上帝根本扯不上关系。

2 卢瑟福的"打碎原子计划"让我想起后来出现的"原子弹"。原子弹为什么叫作原子弹？它跟原子有什么关系呢？

1964年10月16日15时，中国第一颗原子弹爆炸成功。这是爆炸后升起的蘑菇状烟云。

原子弹的命名，是因为它是利用原子核的分裂、释放大量的能量而来的。它的原料来自容易分裂的**"铀-235"**（Uranium-235）或**"钚-239"**（Plutonium-239）。当铀-235或钚-239受到中子撞击以后，会分裂成较小的原子核并释放出能量和中子，继续去撞击下一个原子核，引发一长串的原子核分裂反应，并释放出极具破坏性的爆炸威力。

3 听说欧盟总部所在地的比利时首都布鲁塞尔，有个超级巨大的原子模型，它代表的是什么原子呢？

这个景点是布鲁塞尔的地标，名叫**"原子球塔"**（Atomium），它是为了1958年比利时主办的"布鲁塞尔世界博览会"而兴建。它的怪异外形，除了呼应当时的博览会主题"科学、文明与人性"之外，也是为了向世人展现比利时的国力，与当时最先进的制造技术和科技能力。

原子球塔总高102米，每个圆球的直径为18米，整体外形是一个放大了**一千六百五十亿倍的铁晶体单位晶格**。如果登上最顶端的球体，你可以眺望布鲁塞尔的市容与风景，还可以搭乘手扶梯或电梯穿梭在连接不同球体的管道中。参观球体内部的博物馆与展览厅，会是一个非常有趣的经历哦！

4 我终于读完这两本书了，我的化学成绩能突飞猛进吗？

科学不是天才的产物，而是从浅到深，由一代一代的科学家，站在巨人的肩膀上，接力研究累

积的结果。学校课本为了教导精准定义，读起来不免有点儿冷冰冰，但看了这两本书以后，能引导我们从人的角度去思考科学的发展。虽然未必能帮你考高分，却有助于你理解化学，也让化学多了温度与"人情味"，读起来自然变得有趣多了。

LIS影音频道

扫码回复
"化学第20课"
获取视频链接

【自然系列——化学／物质探索09】质子与原子核的发现——超原子时空冒险二部曲（上）

【自然系列——化学／物质探索09】质子与原子核的发现——超原子时空冒险二部曲（下）

汤姆孙的学生卢瑟福是个核能研究专家，他发现原子内部并不是西瓜模型，反而更像是一包薯片！中心则有一个神秘的原子核……

【自然系列——化学／物质探索10】中子的发现——超原子时空冒险最终章（上）

【自然系列——化学／物质探索10】中子的发现——超原子时空冒险最终章（下）

小查跑到法国，找居里夫人的女儿借传说中的超强γ射线，竟然发现它很有可能就是卢瑟福说的中子！有了汤姆孙教授发现的电子和卢瑟福老师的质子，再加上小查自己提出的中子理论，究竟，他该如何运用这些伟大的科学精华呢？

终于上完课了！以前这些只是在课本上提一下名字的科学家，现在好像变得亲近了许多……

原来，科学的本质就是不断提出假设、验证、推翻……不停重复，才终于得到"比较接近真实的结果"……

没错，帮助大家了解科学研究的精神，以及科学演进的真面目，就是我们设计这20堂化学课最重要的目的哟！下课了！

太好玩了！

祝你们以后对化学越来越有兴趣哟！

原来化学这么有趣，没有那么难嘛！

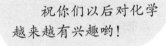

附录1

化学是一门研究物质性质、组成、结构乃至变化规律的基础科学，更联结了物理、数学、生命科学，以及医学等许多跨领域的科学研究。本套书主要介绍化学理论的演进脉络，还有众多科学家不畏艰难、前仆后继探究真理的研究历程，特别适合初中、高中的孩子阅读，亦可与学校的课程相互配搭，必可获得前所未有的学习乐趣。

本套书与初中、高中化学教材学习内容对应表

化学课程 教材	学科概念 及知识点	本书内容	对应教材内容
人教版化学 九年级上册	分子和原子	第13课　被遗忘的"分子说" 第27～35页	第三单元　物质构成的奥秘 课题1　分子和原子
人教版化学 九年级下册	有机 合成材料	第14课　打开有机化学之门 第41页	第十二单元　化学与生活　课题3 有机合成材料
2019人教版 高中化学 必修2	有机化合物	第14课　打开有机化学之门 第41～48页	第七章　有机化合物 第一节　认识有机化合物
2019人教版 高中化学 必修2	化学反应 速率	第15课　寻找化学反应平衡 第55页	第六章　化学反应和能量 第二节　化学反应速率与限度
2019人教版 高中化学 必修2	化学键	第15课　寻找化学反应平衡 第62页	第四章　物质结构　元素周期律 第三节　化学键
2019人教版 高中化学 必修2	门捷列夫 元素周期表 元素周期律	第16课　了不起的元素周期表 第68～70页	第四章　物质结构　元素周期律 第一节　元素周期表
2019人教版 高中化学 必修2	电解反应	第17课　"电离说"（上）： 原子不可再分割吗？ 第84页	第一章　物质及其变化 第二节　离子反应

化学课程 教材	学科概念 及知识点	本书内容	对应教材内容
2019人教版 高中化学 选择性必修1	水的电离和 溶液的pH	第18课 "电离说"（下）： 酸碱与pH 第95～98、100页	第三章 水溶液中的离子反应 与平衡 第二节 水的电离和 溶液的pH
2019人教版 高中化学 必修1	原子结构	第19课 发现电子与原子模型 第109～112页	第四章 物质结构 元素周期律 第一节 原子结构与元素周期表

 附录2 名词索引（依首字笔画、拼音顺序、字数排列）

英文

pH 89、90、94、95、97～100

希腊文

α粒子 110～112、117、121

α射线 109～112、117、118、120～122

β射线 109、121

γ射线 109、120～122、126

一画

一氧化碳 11、49

一氧化二氮 5

二画

二氧化碳 11、49

人造元素 72

三画

三元素组 66、67、69

四画

比重 71、72

反应方向 58

反应速率 55、58、59、61

分子 15、20、24、26～28、32～38、62、76、80、82、83

分子说 25、28、34、35、37、38

分压定律 19

化合物 7、9、10、23、30、41、42、48、49、58、65、121

化学键 62

化学反应 21、24、30、37、51、53～55、58～62、91

化学符号 27

化学平衡 55～57、59、62

化学特性 73

化学质量 54

化学动力学 60

化学计量学 56

化学命名法 27、77

化学亲和力 53～55、58、61

气体 3～6、10、17、19、20、30～33、65、117

气体化合体积定律 30

双子 122

双原子 35

水解 55

无机 40、41、46、50

无机物 42、45、50

无机化学 41～43

无机化合物 49

元素 1、7、9～12、20、21、23、24、35、43～45、47、48、65～69、71～74、78、79、119～121

元素表 65

元素八音律 67

元素周期表 63、64、

68～74、91
中性　99、100、121、122
中子　11、24、115、116、118、121～126

五画
半透膜　11
本草纲目　41
电场　107、119
电极　3、8、78、80、84
电解　1、4～12、65、77～80、82、83、91
电压　87、96、103
电子　24、36、87、93、101、104、108～114、117～119、121～124、126
电磁波　109、120、121
电解质　79、82～84、86、91、93
电离说　75、85、88、89、91～94、100
电中性　108、117、119
电化二元论　34、35、42、47、91
电解质溶液　82、93
发电机　80、103
甘油　46
卡尔斯鲁厄会议　27、28、35
卡文迪许实验室　105、109、117
可逆反应　54、55、59、62
卢瑟福散射实验　110
平衡状态　58、59
生成物　8、58、59、62
生命力　42、45～47、50

生命力学说　42、46、47
石蜡　121
石蕊　94
正电　6、34、80、83、88、108、112、117、122
正极　3、4、6、88、107
正电荷　62
正电极　107
正反应　58、59
正离子　84

六画
动态平衡　59
伏特电池　3、5、77
负电　6、7、34、62、80、83、88、93、107、108、110、112、117
负极　3～6、8、87
负离子　84、87、88
光谱　81
光解作用　11
夸克　123、124
氖　73
石灰石　54
同位素　24
同分异构体　47～49
西瓜模型　114、126
纤维素　50
行星模型　112
阳极　79、80、84、103、107
阴极　79、80、84、103、106、107
阴极射线　103～107、114
阴极射线管　103、104、113

有机　40、41、46、50
有机物　42、45、46、49、50
有机化学　39、41、42、48、50、55
有机化合物　42、49、50

七画
阿伏加德罗常数　36
阿伏加德罗定律　33
怀疑的化学家　17、77
克鲁克斯管　104、106
尿素　42、45～47
钋　120
苏打　9、54
希格斯玻色子　116、123、124
氙　73
医药学　41

八画
波　104～106
定量实验法　77
放射线　109、121
非金属　65
非电解质溶液　93
金箔　3、110、111、117
金属　6、7、9、17、66、107、120
苛性碱　7～9
钍　71
物理化学　58、60
质量　20、24、59、61、106、107、110、112、118、119、122
质子　24、73、115、116、

118～124、126
质量作用定律 59

九画
钡 9、66、79
氡 73
钙 9、66、79
钪 72
炼金术 42
类铝 71
钠 7、9、66、79
柠檬酸 38、46
浓度 54～59、61、82、
92、94～100
亲和力 6、7、53、54、61
亲和力系数 59
氢气 4～6、10、11、17、
35、78
氢分子 33、34
氢离子 92、94、97、100
氢原子 15、23、31、33、
35、92、118
氢氧化钾 7、45、79
氢氧化钠 7、79
氢原子核 117～119
氢离子浓度 92、94、
96～98
氢氧根离子 100
重金属 12

十画
氨 21、30
氨气 45
氨水 44
铈 125
臭氧 11

海藻酸钠 37
氦 73
核反应 117、118
核分裂 11、125
荷质比 107、108
钾 7、9、66、79
酒石酸 46
莱顿瓶 3、4
离子 12、36、76、78～80、
82～84、86～88、91、93
离子团 80、82
离子浓度 82、95、96
能量不灭定律 22
弱酸 92
笑气 5
氩 73
盐 54、86
盐类 44、66
盐酸 10、99
氧 6、8、10、12、17、21、
29、30、65、79、117
氧气 4、5、10、11、17、
23、78、87、88
氧分子 15、23
氧原子 11、15、23、117
铀 125
原子 11、13～17、
20～24、26～36、61、62、
69、73、75～78、84、91、
93、101～103、108～112、
114、115、117～120、122、
124～126
原子弹 124、125
原子核 11、112、118、
120、122、123、125、126
原子说 18、20～24、

28～30、33～35、38、
77、103、123
原子模型 101、114、117、
125
脂肪酸 46

十一画
蛋白质 38、95、96
蛋白质酵素 95
淀粉酶 61
硅 79
黄金 17
基本粒子 105、108、119、
123、124
氪 73
粒子 17、19、20、22～24、
36、62、87、103～108、
110、112、114、115、117、
119、123、124
铝 71
梅子布丁模型 108、110、
111
排水集气法 3
铜 65
铜离子 86
液体 17

十二画
氮 7、21、65
氮气 30、117
氮原子 117、118、122
惰性气体 73
锂 66
硫 65、66
硫酸 6
硫酸铜 5

硫酸盐 6
氯 31、66、84
氯分子 33、34
氯化钙 54
氯化氢 30、31、33
氯离子 84
葡萄糖 38、61
强酸 92
氰酸 43、44、47～50
氰酸铵 44、45
氰酸银 44
温度 8、55、57、61、62、100、126

十三画
催化 92
催化剂 61
碘 66
雷酸 43、44、47～49
雷酸银 44
锰离子 86
锰酸根离子 86
硼 9、79
溶液 78、82、84、93～96

微粒 17、20、22、88、108
溴 66
锗 72
蒸发 17
蒸发皿 45
酯 58
酯化反应 58、59、62
酯化实验 58

十四画
磁场 107、119
腐蚀性 7、9
碱 6、8、93、94
碱性 12、94、95、98、99
镁 9、79
熔沸点 93
锶 9、66、79
酸 6、10、12、58、79、91～94
酸碱 10、12、79、85、88～90、94、98、100
酸性 12、92、94、95、98、99
酸催化 91

酸碱性 94、98、100
酸碱溶液 95
酸碱试剂 94
酸碱指示剂 96
碳 11、41、49、65
碳酸盐 49
蔗糖 55

十五画
醇 58
醋酸 11、46、58
镓 71、72
摩尔 36、96、98、100
摩尔浓度 99

十六画
凝固 53、96
糖类 50

十七画
磷 65

十八画
镭 109

图片来源

Wikipedia维基百科提供：
4、5、7、16、19、21、27～29、32、34、43、44、56、58、66～68、70、72、79～81、91～93、95、104、105、109、120

Shutterstock图库提供：
90、108、113、125